中等职业教育机电类专业规划教材

机械常识与识图

中国机械工业教育协会
全国职业培训教学工作指导委员会机电专业委员会　组编

勾　明　主编

机械工业出版社

本教材是为适应"工学结合、校企合作"培养模式的要求，根据中国机械工业教育协会和全国职业培训教学工作指导委员会机电专业委员会组织制定的《中等职业教育教学计划大纲》编写的。本教材主要内容包括：机械识图，极限与配合，常用材料基础知识，机械传动，常用机构，连接，液压与气压传动。

本教材可供中等职业技术学校、技工学校、职业高中使用。

图书在版编目（CIP）数据

机械常识与识图/勾明主编. —北京：机械工业
出版社，2011.12（2023.9 重印）
中等职业教育机电类专业规划教材
ISBN 978 - 7 - 111 - 36472 - 6

Ⅰ.①机… Ⅱ.①勾… Ⅲ.①机械学 – 中等专业学校
– 教材②机械图 – 识图 – 中等专业学校 – 教材 Ⅳ.①TH

中国版本图书馆 CIP 数据核字（2011）第 234703 号

机械工业出版社（北京市百万庄大街 22 号　邮政编码 100037）
策划编辑：荆宏智　王振国　责任编辑：张振勇
版式设计：霍永明　　　　责任校对：李锦莉
封面设计：马精明　　　　责任印制：常天培
北京机工印刷厂有限公司印刷
2023 年 9 月第 1 版·第 9 次印刷
184mm × 260mm · 10.25 印张 · 253 千字
标准书号：ISBN 978 - 7 - 111 - 36472 - 6
定价：29.80 元

序

为贯彻《国务院关于大力发展职业教育的决定》精神，落实文件中提出的中等职业学校实行"工学结合、校企合作"的新教学模式，满足中等职业学校、技工学校和职业高中技能型人才培养的要求，更好地适应企业的需要，为振兴装备制造业提供服务，中国机械工业教育协会和全国职业培训教学工作指导委员会机电专业委员会共同聘请有关行业专家，制定了中等职业学校6个专业10个工种新的教学计划大纲，并据此组织编写了这6个专业的规划教材。

这套新模式的教材共近70个品种。为体现行业领先的策略，编出特色，扩大本套教材的影响，方便教师和学生使用，并逐步形成品牌效应，我们在进行了充分调研后，才会同行业专家制定了这6个专业的教学计划，提出了教材的编写思路和要求。共有22个省（市、自治区）的近40所学校的专家参加了教学计划大纲的制定和教材的编写工作。

本套教材的编写贯彻了"以学生为根本，以就业为导向，以标准为尺度，以技能为核心"的理念，"实用、够用、好用"的原则。本套教材具有以下特色：

1. 教学计划大纲、教材、电子教案（或课件）齐全，大部分教材还有配套的习题集和习题解答。

2. 从公共基础课、专业基础课，到专业课、技能课全面规划，配套进行编写。

3. 按"工学结合、校企合作"的新教学模式重新制定了教学计划大纲，在专业技能课教材的编写时也进行了充分考虑，还编写了第三学年使用的《企业生产实习指导》。

4. 为满足不同地区、不同模式的教学需求，本套教材的部分科目采用了"任务驱动"模式和传统编写方式分别进行编写，以方便大家选择使用；考虑到不同学校对软件的不同要求，对于"模具CAD/CAM"课程，我们选用三种常用软件各编写了一本教材，以供大家选择使用。

5. 贯彻了"实用、够用、好用"的原则，突出"实用"，满足"够用"，一切为了"好用"。教材每单元中均有教学目标、本章小结、复习思考题或技能练习题，对内容不做过高的难度要求，关键是使学生学到真本领。

本套教材的编写工作得到了许多学校领导的重视和大力支持以及各位老师的热烈响应，许多学校对教学计划大纲提出了很多建设性的意见和建议，并主动推荐教学骨干承担教材的编写任务，为编好教材提供了良好的技术保证，在此对各个学校的支持表示感谢。

由于时间仓促，编者水平有限，书中难免存在某些缺点或不足，敬请读者批评指正。

中国机械工业教育协会
全国职业培训教学工作指导委员会
机电专业委员会

前　言

　　"机械常识与识图"课程是中等职业学校机械类与近机类专业的主干专业基础课程之一，它可使学生掌握一定的机械常识，为今后学习专业课以及生产实习和生产实践打下基础。通过本课程的学习，可使学生掌握识读技术图样、尺寸公差和几何公差的方法，熟悉常用金属材料特点及适用范围，机械传动的原理及特点，常用机构的原理及适用范围，连接零件的结构特点及适用范围，液压与气动的基本结构及原理等内容，并且综合运用这些理论知识解决实际问题，以提高学生发现问题、解决问题的能力。

　　本书的主要特点是内容全面、重点突出，它将机械类的几门专业基础课程作了合理的、实用的整合。比如：机械识图，极限与配合，金属材料，液压与气压传动等内容，以前都是机械类专业中一门完整的课程，现在我们将其融合在一起，这样做的优点有二：一是对于机电专业的学生来讲，整合后的这些知识点已足够用；二是这样的知识整合，使机电专业的学生可以在有限的时间内较系统地将机械加工的相关知识学完，为其他专业课程的学习起到良好的辅垫作用。

　　在编写本书的过程中，虽然我们列举了大量实例，但因篇幅有限，实例的种类和数量都受到一定限制。建议授课教师针对课堂教学的具体情况适当增加案例讲解，作为对本书的补充内容，这将大大提高学生的理解能力和创新能力。

　　本书编写分工如下：主编为勾明（第四、六、七章），副主编为聂晓溪（第三章）、宋燕琴（第五章），参编有栗连才（第一章）、宋红英（第二章）；由林钢辉、周蓉审稿。

　　由于编者水平有限，书中缺点和错误在所难免，恳请各位读者批评指正。

编　者

目　　录

第一章 机械识图

教学目标 1. 了解国家标准《机械制图》有关规定。
2. 掌握投影的基本概念及规律。
3. 掌握三视图的基本画法。
4. 掌握标准件与常用件的画法。
5. 掌握识读装配图的基本方法。

教学重点 投影与视图。

教学难点 装配图。

机械图样是工业生产中人们传递技术信息和思想的媒介与工具，因此，凡是从事机械制造的人，没有不和图样打交道的。对于未来的技术工人来说，必须具有一定的识图能力和初步的画图能力。

第一节 识图基础知识

国家标准《技术制图》是一项基础技术标准，国家标准《机械制图》是一项机械专业制图标准，它们是图样绘制与使用的准绳，因此必须认真学习和遵守这些规定。制图的基本规定：

1. 图纸幅面和格式（GB/T 14689—2008）

（1）图纸幅面尺寸 为了合理地利用图纸并便于保管，国家对图纸幅面作出了相应的规定，绘图时应优先选用表 1-1 中所规定的幅面尺寸。

表 1-1 图纸幅面尺寸 （单位：mm）

幅面代号	A0	A1	A2	A3	A4
$B \times L$	841×1189	594×841	420×594	297×420	210×297
e	20			10	
c	10			5	
a	25				

（2）图框格式 在图纸上必须用粗实线画出图框，其格式分为留有装订边和不留装订边两种，如图 1-1 所示。同一产品的图样只能采用一种格式。

（3）标题栏 每张图纸都必须画出标题栏。标题栏的格式和尺寸应按 GB/T 14689—2008 的规定绘制。在制图作业中建议采用图 1-2 的格式，标题栏的位置应位于图样的右下角。

2. 比例（GB/T 14690—1993）

图中图形与其实物相应要素的线性尺寸之比称为比例。

（1）原值比例 比值为 1 的比例，即 1:1。

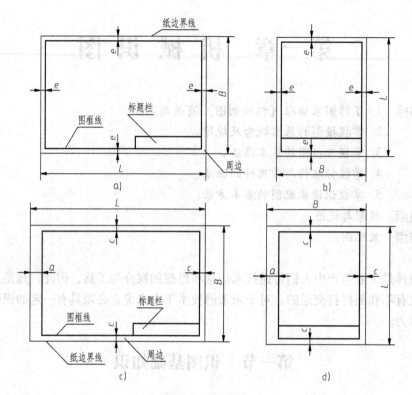

图 1-1　图框格式

a)、b) 不留有装订边　c)、d) 留装订边

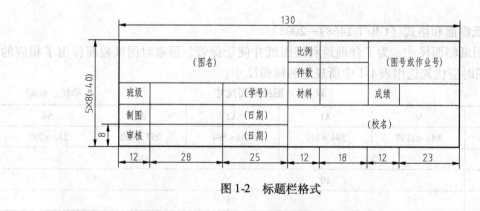

图 1-2　标题栏格式

（2）放大比例　比值大于 1 的比例，如 2:1 等。

（3）缩小比例　比值小于 1 的比例，如 1:2 等。

当需要按比例绘制图样时，应优先由表 1-2 规定的系列中选取适当的比例。

为了从图样上直接反映出实物的大小，绘图时应尽量采用原值比例。因各种实物的大小和结构千差万别，绘图时应根据实际需要选取放大比例或缩小比例。

不论采用何种比例，图形中所标注的尺寸数值必须是实物的实际大小，与图形的比例无关，如图 1-3 所示。

表1-2　比　　例

种　类	比　　　例				
原值比例	1:1				
放大比例	5:1 $5 \times 10^n:1$	2:1 $2 \times 10^n:1$	$1 \times 10^n:1$	4:1 $4 \times 10^n:1$	2.5:1 $2.5 \times 10^n:1$
缩小比例	1:2 $1:2 \times 10^n$ 1:3 $1:3 \times 10^n$	1:5 $1:5 \times 10^n$ 1:4 $1:4 \times 10^n$	1:10 $1:1 \times 10^n$ 1:6 $1:6 \times 10^n$	1:1.5 $1:1.5 \times 10^n$	1:2.5 $1:2.5 \times 10^n$

注：n 为正整数。

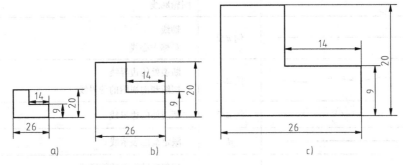

图1-3　图形比例与尺寸数字
a) 1:2　b) 1:1　c) 2:1

3. 字体（GB/T 14691—1993）

在图样上和技术文件中书写字体必须做到：字体工整、笔画清楚、间隔均匀、排列整齐。字体高度（用 h 表示）的公称尺寸系列为 1.8、2.5、3.5、5、7、10、14、20，单位为 mm。字体高度代表字体号数，如 10 号字其高度即为 10mm。在同一张图样中，只允许选用同一型式的字体。

汉字应写成长仿宋体，并应采用国家正式公布推行的简化字。汉字高度不应小于 3.5mm，其宽度一般为 2/3h。字母和数字分为 A、B 型，A 型字体笔画宽度为 h/14，B 型字体笔画宽度为 h/10。字母和数字可写成斜体或直体，斜体字的字头向右倾斜，与水平线成 75°。字体示例如图1-4 所示。

字体工整 笔画清楚 间隔均匀 排列整齐

ABCDEFGHIJKLMNOP

0123456789

图1-4　字体示例

4. 图线 (GB/T 17450—1998、GB/T 4457.4—2002)

《国家标准》规定了图线的名称、型式、代号、宽度以及在图上的应用。见表1-3。

表1-3 图 线

图线名称	图线型式及代号	图线宽度	应用举例
粗实线	────────── d	d	可见轮廓线
细虚线	── ── ── ── ──	约$d/2$	不可见轮廓线
细实线	──────────	约$d/2$	尺寸线、尺寸界线、剖面线、可见过渡线、重合剖面图轮廓线
细点画线	─ · ─ · ─ · ─	约$d/2$	轴线 对称中心线
波浪线	〜〜〜〜	约$d/2$	断裂处的边界线 视图和剖视图的分界线
双折线	─〰─〰─	约$d/2$	断裂处的边界线
粗点画线	━ ▪ ━ ▪ ━	d	限定范围表示线
细双点画线	─ ·· ─ ·· ─	约$d/2$	相邻辅助零件的轮廓线 极限位置的轮廓线

各种图线应用示例如图1-5所示。

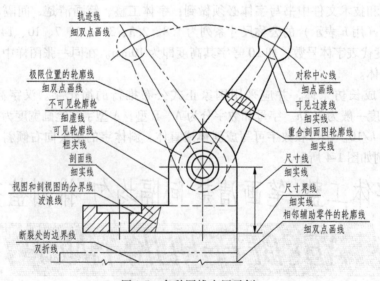

图1-5 各种图线应用示例

图线的宽度应基本一致。细虚线、细点画线及细双点画线的长度和间隔应各自大致相等。

5. 尺寸注法 (GB/T 4458.4—2003)

(1) 基本规则

1）机件的真实大小应以图样上所注的尺寸数值为依据，与图形的大小及绘图的准确度无关。

2）图样中的尺寸，以毫米（mm）为单位时，不需标注计量单位的代号或名称，如采用其他单位，则必须注明相应的计量单位的代号或名称。

3）图样中所标注的尺寸，为该图样所示机件的最后完工尺寸，否则应另加说明。

4）机件的每一尺寸，一般只标注一次，并应标在反映该结构最清晰的图形上。

（2）标注尺寸的三要素　一个完整的尺寸应包括尺寸界线、尺寸线（含箭头）、尺寸数字三个要素，如图1-6所示。

常用尺寸的注法，见表1-4。

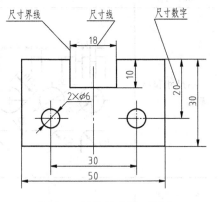

图1-6　标注尺寸的三要素

表1-4　常用尺寸的注法

标注内容	图　例	说　明
线性尺寸的数字方向		尺寸数字应按左图中的方向注写，并尽量避免在30°范围内标注尺寸；当无法避免时，可按右图标注
角度		角度的数字一律写成水平方向，一般注写在尺寸线的中断处。必要时可写在上方或外面，也可引出标注
圆和圆弧		直径、半径的尺寸数字前应分别加符号"ϕ"、"R"。尺寸线应按图例绘制
大圆弧		无法标出圆心位置时，可按图例标注

（续）

标注内容	图 例	说 明
小尺寸和小圆弧		在没有足够的位置画箭头或写数字时，可按图例形式标注
球面		应在"φ"或"R"前加注符号"S"对于螺钉、铆钉的头部、轴（包括螺杆）端部，以及手柄的端部等，在不引起误解情况下，可省略符号"S"

第二节　投影与视图

一、投影法的概念

在日常生活中常见物体被阳光或灯光照射后，在地面或墙面上出现物体的影子，这种自然现象就是投影。人们经过科学抽象，把光线称为投射线，地面或墙面称为投影面，如图 1-7 所示。过空间物体四边形 ABCD 各顶点作投射线 SA、SB、SC、SD，交投影面于 a、b、c、d 点，每两点连直线即为四边形 ABCD 在投影面上的投影。

上述这种用投射线通过物体，向选定的投影面投射，并在该面上得到图形的方法称为投影法。

1. 投影法的分类

工程上常用的投影法有两种：

（1）中心投影法　投射线汇交于一点的投影法

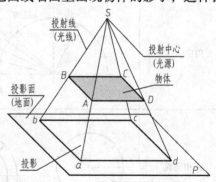

图 1-7　投影法（中心投影法）

称为中心投影法，如图 1-7 所示。用中心投影法得到的投影不能反映物体的真实大小，作图复杂，在机械图样中很少采用。

（2）平行投影法　投射线相互平行的投影方法称为平行投影法，根据投射线与投影面的角度不同，平行投影法又分为斜投影法和正投影法。

1）斜投影法。投射线倾斜于投影面，如图 1-8a 所示。

2）正投影法。投射线垂直于投影面，如图 1-8b 所示。由于正投影法能准确地表达物体的形状结构，并且度量性好，作图方便，所以机械图样主要是采用正投影法绘制的。

2. 正投影的基本性质

（1）真实性　平面（或直线）与投影面平行时，其投影反映实形（或实长）的性质，称为真实性，如图 1-9 所示。

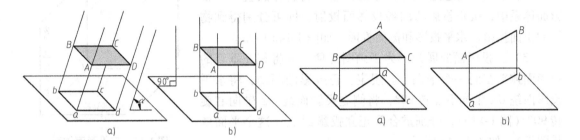

图 1-8　平行投影法
a）斜投影法　b）正投影法

图 1-9　平面、直线平行投影面时的投影

（2）积聚性　平面（或直线）与投影面垂直时，其投影积聚为一条直线（或一个点）的性质，称为积聚性，如图 1-10 所示。

（3）收缩性　平面（或直线）与投影面倾斜时，其投影变小（或变短），但投影的形状仍为原来形状相类似的性质，称为收缩性，如图 1-11 所示。

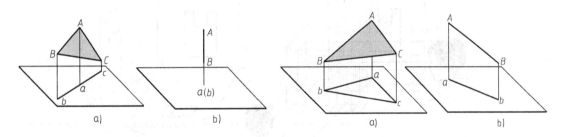

图 1-10　平面、直线垂直投影面时的投影

图 1-11　平面、直线倾斜投影面时的投影

二、三视图的形成及投影规律

根据有关标准和规定，用正投影法绘制出的物体图形称为视图，如图 1-12 所示。一般情况下，一个视图不能完全确定物体的形状和大小（图 1-12）。因此，为了将物体的形状和大小表达清楚，工程上常用三个视图。

1. 三视图的形成

（1）三投影面体系的建立　三投影面体系由三个相互垂直的投影面所组成，如图 1-13 所示。三个投影面分别为：正立投影面，简称正面，用 V 表示；水平投影面，简称水平面，用 H 表示；侧立投影面，简称侧面，用 W 表示。

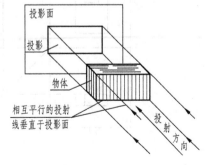

图 1-12　物体的视图

8

相互垂直的投影面之间的交线，称为投影轴。它们分别是：OX 轴，简称 X 轴，是 V 面与 H 面的交线，它代表物体的长度方向；OY 轴，简称 Y 轴，是 H 面与 W 面的交线，它代表物体的宽度方向；OZ 轴，简称 Z 轴，是 V 面与 W 面的交线，它代表物体的高度方向。三根投影轴相互垂直，其交点 O 称为原点。

（2）物体在三投影面体系中的投影　将物体放置在三投影面体系中，按正投影法向各投影面投射，即可分别得到物体的正面投影、水平投影和侧面投影，如图 1-14a 所示。

（3）三投影面的展开　为了画图方便，需将相互垂直的投影面摊平在同一个平面上。规定：正投影面不动，将水平投影面绕 OX 轴向下旋转 $90°$，将侧立投影面绕 OZ 轴向右旋转 $90°$（图 1-14b），分别重合到正立投影面上（这个平面就是图纸），如图 1-14c 所示。

图 1-13　三投影面体系

物体在正立投影面上的投影，也就是由前向后投射所得的视图，称为主视图；物体在水平投影面上的投影，也就是由上向下投射所得的视图，称为俯视图；物体在侧立投影面上的投影，也就是由左向右投射所得的视图，称为左视图，见图 1-14c。由于画图时不必画出投影面的边框线，所以去掉边框线就得到图 1-14d 所示的三视图。

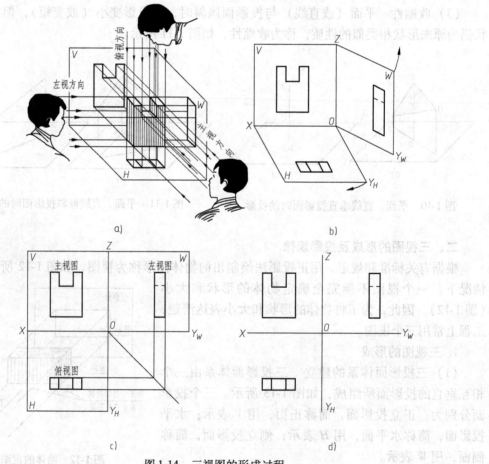

a)　　　　　　　　b)

c)　　　　　　　　d)

图 1-14　三视图的形成过程

2. 三视图之间的关系

（1）三视图的位置关系　以主视图为准，俯视图在主视图的正下方，左视图在主视图的正右方。

（2）视图间的投影关系　从三视图（图1-15）的形成过程中，可以看出：

主视图反映物体的长度和高度。

俯视图反映物体的长度和宽度。

左视图反映物体的高度和宽度。

由此归纳得出：

主、俯视图长对正（等长）。

主、左视图高平齐（等高）。

俯、左视图宽相等（等宽）。

（3）视图与物体的方位关系　所谓方位关系，指的是以看图（或绘图）者面对正面（即主视图的投射方向）来观察物体为准，看物体的上、下、左、右、前、后六个方位（图1-16a）在三视图中的对应关系，如图1-16b所示。

图 1-15　三视图间的投影关系

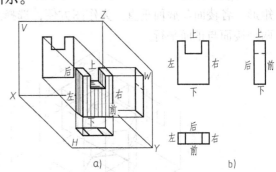

图 1-16　视图和物体的方位对应关系

主视图反映物体的上、下、左和右。

俯视图反映物体的左、右、前和后。

左视图反映物体的上、下、前和后。

由图1-16可知，俯、左视图靠近主视图的一边（里边），均表示物体的后面；远离主视图的一边（外边），均表示物体的前面。

3. 三视图的作图方法与步骤

根据物体（或轴测图）画三视图时，首先应分析其结构形状，摆正物体（使其主要表面与投影面平行），选好主视图的投射方向，再确定绘图比例和图纸幅面。

作图时，应先画出三视图的定位线，再从主视图入手，根据"长对正、高平齐、宽相等"的投影规律，按组成部分依次画出俯视图和左视图。图1-17a所示的物体，其三视图的作图步骤如图1-17b、c、d所示。

三、基本体

常见的基本体，按其表面性质的不同，可分为平面立体和曲面立体两类。平面立体的每个表面都是平面，如棱柱、棱锥；曲面立体至少有一个表面是曲面，如圆柱、圆锥、圆球和圆环等。下面分别讨论几种常见的基本体视图的画法。

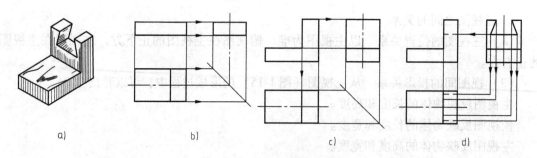

图 1-17　三视图的画图步骤

a）轴测图　b）画底板的三面投影　c）画立板的三面投影　d）画槽的三面投影

1. 平面立体的投影

（1）棱柱　棱柱的棱线互相平行，常见的棱柱有三棱柱、四棱柱、五棱柱、六棱柱等。现以图 1-18 所示的正六棱柱为例，说明它的投影特征和作图方法。

分析：如图 1-18a 所示，正六棱柱的顶面和底面是互相平行的正六边形，六个棱面均为矩形，各棱面与底面垂直。为作图方便，选择六棱柱的顶面和底面平行于水平面，并使前后两个棱面与正面平行。

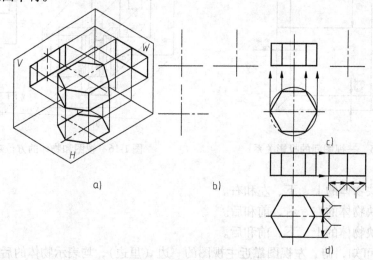

图 1-18　正六棱柱三视图的作图步骤

六棱柱的投影特征是：顶面和底面的水平投影重合，并反映实形——正六边形，它们的正面和侧面投影均积聚成直线。六个棱面的水平投影分别积聚为六边形的六条边。由于前后两个棱面平行于正面，所以正面投影反映实形，侧面投影积聚成直线。其余棱面不平行于正面和侧面，它们的正面和侧面投影为矩形（类似形），且小于实形。

作图步骤：

1）作六棱柱的对称中心线和底面基准线，确定各视图的位置（图 1-18b）。

2）先画具有投影特征的视图——俯视图上的正六边形。按长对正的投影关系和六棱柱的高度画出主视图（图 1-18c）。

3）按高平齐和宽相等的投影关系画出左视图（图 1-18d）。

（2）棱锥　棱锥的底面为多边形，各棱面均为一个公共顶点的三角形。常见的棱锥有三棱锥、四棱锥、五棱锥等。现以图1-19所示的四棱锥为例，说明它的投影特征和作图方法。

分析：如图1-19a所示，棱锥底面平行于水平面，其水平投影反映实形，其正面和侧面投影积聚成直线。四棱锥的左右两个棱面垂直于正面，它们的正面投影积聚成直线；前后两个棱面垂直于侧面，它们的侧面投影积聚成直线；四棱锥的前后和左右四个棱面倾斜于水平面，它们的水平投影为三角形（类似形）。

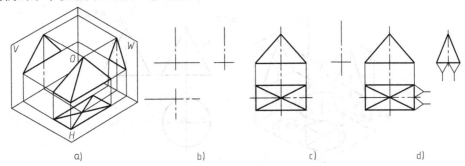

a)　　　　b)　　　　c)　　　　d)

图1-19　四棱锥三视图的作图步骤

作图步骤：

1）作四棱锥的对称中心线和底面基线，确定各视图的位置（图1-19b）。

2）画底面的俯视图（四边形）和主视图（直线），并根据四棱锥的高度在主视图上定出锥顶，然后在俯视图上分别将锥顶与底面各顶点用直线连接，即得四条棱线的投影（图1-19c）。

3）按高平齐、宽相等的投影关系画出左视图（图1-19d）。

2. 曲面立体的投影

（1）圆柱　圆柱由圆柱面与上、下两端面围成。圆柱面可看做是一条直母线绕平行于它的轴线回转而成，圆柱面上任意一条平行于轴线的直线，称为素线。

图1-20所示为圆柱的投影图和三视图。由于圆柱轴线垂直水平面，圆柱上、下端面的水平投影反映实形，正、侧面投影积聚成直线。圆柱面的水平投影积聚为一个圆，与两端面的水平投影重合。在正面投影中，前、后两半圆柱面的投影重合为一个矩形，矩形的两条竖线分别是圆柱面最左、最右素线的投影，也是前后分界的转向轮廓线。在侧面投影中，左、

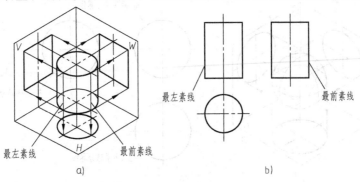

最左素线　　　　最前素线　　　最左素线　　　最前素线

a)　　　　　　　　b)

图1-20　圆柱的投影图和三视图

右两半圆柱面的投影为矩形，矩形的两条竖线分别是圆柱面最前、最后素线的投影，也是左右分界的转向轮廓线。

作圆柱的三视图时，应先画圆的中心线和圆柱轴线在其他投影面上的投影，然后从投影为圆的视图画起，再完成其他视图。

（2）圆锥　圆锥由圆锥面和底面围成。圆锥面可看做是由一条直母线绕与它相交的轴线回转而成。

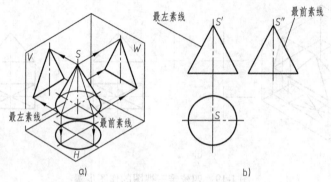

图 1-21　圆锥的投影图和三视图

图 1-21 所示为轴线垂直于水平面的圆锥的投影图和三视图。锥底平行于水平面，水平投影反映实形，正面和侧面投影积聚成直线。圆锥面的三个投影都没有积聚性，其水平投影与底面的投影重合，全部可见；正面投影由前、后两个半圆锥面的投影重合为一个等腰三角形，三角形的两腰分别是圆锥最左、最右素线的投影，也是前后分界的转向轮廓线；侧面投影由左、右两半圆锥面的投影重合为一个等腰三角形，三角形的两腰分别是最前、最后素线的投影，也是左右分界的转向轮廓线。

（3）圆球　圆球面可看作一条半圆母线围绕它的直径回转而成。

图 1-22 所示为圆球的投影图和三视图。它们都是与圆球直径相等的圆，并且是圆球上平行于相应投影面的三个不同位置的最大轮廓圆。正面投影的轮廓圆是前、后两半球面可见与不可见的分界线；水平投影的轮廓圆是上、下两半球面可见与不可见的分界线；侧面投影的轮廓圆是左、右两半球面可见与不可见的分界线。

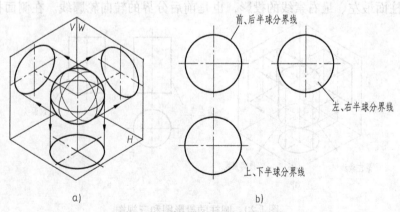

图 1-22　圆球的投影图和三视图

四、截交线的投影

在某些零件上，常可见到平面截切立体、立体与立体相交而产生的表面交线，这种交线可分为截交线和相贯线两类，如图 1-23 所示。

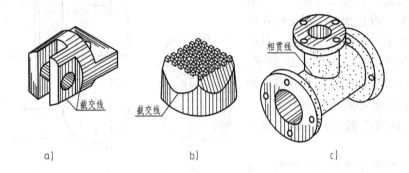

图 1-23　零件表面的交线实例
a）接头　b）千斤顶顶盖　c）三通管接头

本节仅讨论最常见的圆柱、圆球被平面截切产生的截交线。截交线是截平面与立体表面的共有线，截交线是一个封闭的平面图形。

（1）圆柱的截交线　根据截平面与圆柱轴线的相对位置不同，其截交线有三种不同的形状，见表 1-5。

表 1-5　平面与圆柱体的截交线

截平面的位置	平行于轴线	垂直于轴线	倾斜于轴线
截交线的形状	矩　形	圆	椭　圆
立体图			
投影图			

例 **1-1**　圆柱开槽的三视图（图 1-24）。

首先画出完整圆柱的三视图，按槽宽、槽深依次画出主视图和俯视图中的截去部分，然后再作出左视图中的截交线。注意槽底平面在左视图中被圆柱面遮住部分画成虚线，并且圆柱前、后面上的部分素线在槽深范围内的一段已被切去，不再画出。

（2）圆球的截交线　圆球被任意方向的平面截切，其截交线是圆。当截平面平行于某一投影面时，截交线在所平行的投影面上的投影为一个圆，其余两面投影积聚为直线，如图 1-25 所示。该直线的长度等于圆的直径，其直径的大小与截平面至球心的距离 B 有关。

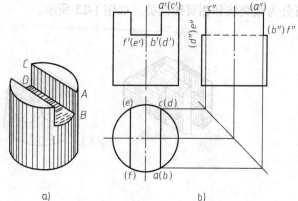

例 1-2　画出半圆球开槽的三视图（图 1-26a）。

首先画出完整半圆球的三视图，再根据槽宽和槽深依次画出主视图、俯视图中的截去部分，然后再作出左视图中的截交线。作图的关键在于确定圆弧半径 R_1 和 R_2，具体作法如图 1-26b、c 所示。

图 1-24　圆柱开槽的三视图

图 1-25　球被水平面截切的三视图

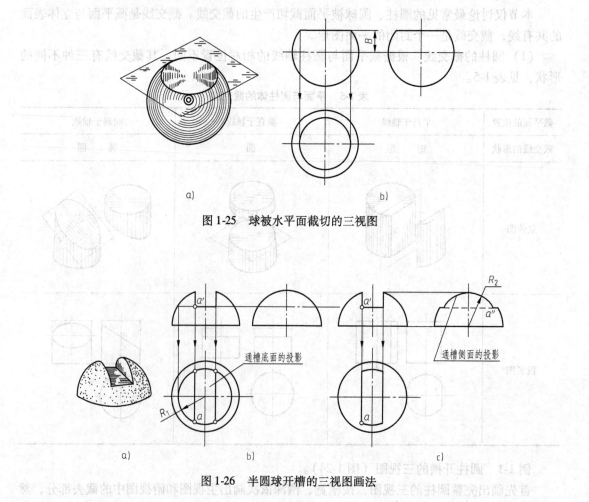

图 1-26　半圆球开槽的三视图画法

五、组合体的投影及尺寸标注

任何复杂的零件都可以看作是由若干个基本几何体所组成的。由两个或两个以上基本几何体组成的物体，称为组合体。组合体有简有繁，种类很多。为了便于画图和识图，假想将组合体分解为若干基本几何体，并确定它们的相对位置，组合形式和表面连接关系的方法称为形体分析法。

1. 组合体的组合形式及表面连接处的画法

组合体的组合形式有叠加类、切割类及综合类，如图1-27所示。

组合体中各基本几何体表面连接关系可以分为四种：不平齐、平齐、相切、相交。

（1）不平齐 当两基本几何体的表面不平齐时，中间应该有线隔开，如图1-28所示。

（2）平齐 当两基本几何体的表面平齐时，中间应该没有线隔开，如图1-29所示。

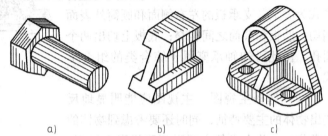

图1-27 组合体的分类

a）叠加类 b）切割类 c）综合类

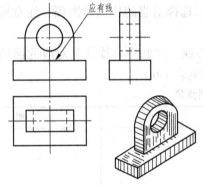

图1-28 形体间的表面不平齐

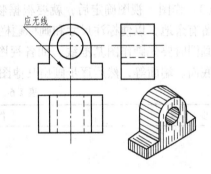

图1-29 形体间的表面平齐

（3）相切 指两基本几何体表面光滑过渡。当两形体表面相切时，在相切处不应画线，如图1-30所示。

（4）相交 指两基本几何体表面彼此相交，在相交处应画线，如图1-31所示。

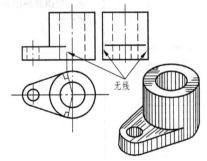

图1-30 形体间的表面相切

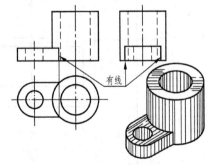

图1-31 形体间的表面相交

2. 组合体三视图的画法

下面以图 1-32 所示轴承座为例，说明画组合体三视图的步骤。

（1）形体分析　画图之前，首先应对组合体进行形体分析，将其分解成几个组成部分，明确组合形式，进一步了解相邻两形体之间分界线的特点，然后再考虑视图的选择。

图 1-32a 所示轴承座由底板、圆筒、肋板和支承板组成，也就是说可分为图 1-32b 所示的几个部分。底板、肋板和支承板之间的组合形式为叠加；支承板的左右侧面和圆筒外表面相切；肋板和圆筒之间相交；底板上切出两个圆孔。由此可知轴承座属于综合类的组合形式。

（2）选择主视图　主视图应能明显地反映出物体的主要特征，同时还要考虑到物体的正常位置，并力求使主要平面和投影面平行，

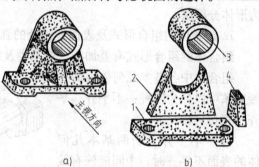

图 1-32　轴承座
1—底板　2—支承板　3—圆筒　4—肋板

以便使投影能得到真实形状。图 1-32a 所示的轴承座，从箭头方向看去所得视图，满足了上述的基本要求，可作为主视图。主视图投射方向确定后，俯视图和左视图也就随着确定了。

（3）作图　视图确定后，就要根据物体的大小、选择适当的比例和图幅。注意所选幅面要留有余地，以便标注尺寸和画标题栏等。

画图时要先画作图基准线，如各视图的对称中心线、大圆中心线及其对应的回转面轴线、底面、端面等，然后逐步画出其他图线，其步骤见表 1-6。

表 1-6　轴承座的画图步骤

步　骤	图　示	说　明
1	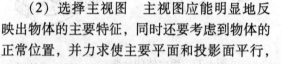	布置视图并画出各视图的基准线

（续）

步 骤	图 示	说 明
2		画空心圆柱和底板
3		画支承板和肋板
4		画细部、补虚线、描深，完成全图

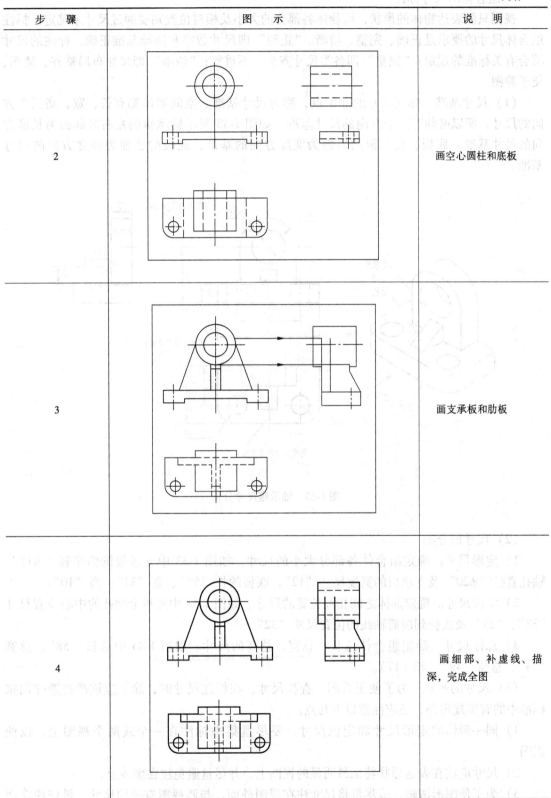

3. 组合体的尺寸标注

视图只能表达物体的形状，而物体各部分的大小及相对位置则要通过尺寸来确定。标注组合体尺寸的要求是正确、完整、清晰。"正确"即尺寸数字和选择基准正确，标注的尺寸符合有关标准的规定；"完整"即各类尺寸齐全，不重复；"清晰"即尺寸布局整齐、清晰，便于看图。

（1）尺寸基准　标注尺寸的起始点，称为尺寸基准。空间形体都有长、宽、高三个方向的尺寸，所以必须有三个方向的尺寸基准。如图 1-33 所示轴承座的左右对称面为长度方向的尺寸基准。底板、支承板的后面为宽度方向的基准，底板的底面为高度方向的尺寸基准。

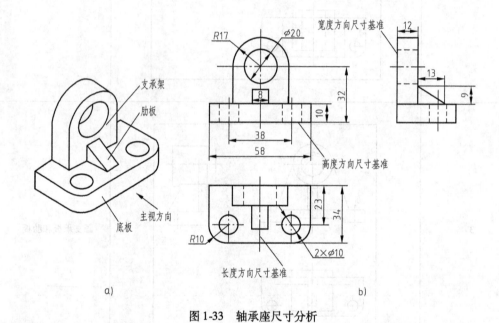

图 1-33　轴承座尺寸分析

（2）尺寸的分类

1）定形尺寸。确定组合体各部分大小的尺寸。如图 1-33 中支承板圆弧半径"R17"、轴孔直径"$\phi20$"及支承板的宽度尺寸"12"，底板的长"58"、宽"34"、高"10"。

2）定位尺寸。确定形体之间相互位置的尺寸。如图 1-33 中底板上圆孔的中心位置尺寸"38"、"23"及底板到圆筒轴线的位置尺寸"32"。

3）总体尺寸。确定组合体总长、总宽、总高的尺寸。如图 1-33 中总长"58"，总宽"34"，总高"49"（32＋17）。

（3）尺寸的布置　为了便于看图、查找尺寸，在标注尺寸时，除了应该严格遵守国家标准中的有关规定外，还应注意以下几点。

1）同一形体的定形尺寸和定位尺寸，要尽量集中标注在一个或两个视图上，以便识图。

2）尺寸应注在表达形状特征最明显的视图上，并尽量避免注在虚线上。

3）为了使图形清晰，应尽量将尺寸注在视图外面。与两视图有关的尺寸，最好注在两视图之间。

4）同心圆的尺寸，最好注在非圆视图上。

六、读组合体的视图

读图是画图的逆过程，是根据物体的视图去想象物体的空间形状。读图与画图在方法上有着紧密的联系，因此在看图的过程中，除了不断实践，多看、多想外，还应该把三视图投影规律很好地运用到识图中去。

1. 读图的基本方法

读图的基本方法仍然是形体分析法，但是对于视图上一些局部比较复杂的投影，尤其是切割类组合体的视图，常需要结合线面分析法进行读图。以形体分析法为主，线面分析法为辅，是读图的有效方法。

（1）形体分析法 用形体分析法，就是从最能反映形体特征的视图入手，按线框将组合体划分为几个部分；然后利用投影关系，找到各线框在其他视图中的投影，从而分析出各部分的形状及它们之间的相对位置；最后再综合起来想象组合体的整体形状。

（2）线面分析法 用线面分析法读图，就是运用投影规律，把物体表面分解为线、面等几何要素，通过分析这些要素的空间位置、形状，进而想象出物体的形状。

（3）视图中线和线框的含义

1）视图中的一条线

①表示形体上面与面交线的投影，交线可以是直线或曲线，如图1-34所示。

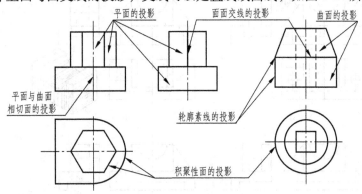

图1-34 线和线框的含义

②表示曲面体上轮廓素线的投影，如图1-34所示。

③表示具有积聚性面的投影，如图1-34所示。

2）视图中的线框

①视图中的每一个封闭线框，必表示形体上某一个表面的投影，表面可以是平面、曲面或平面与曲面相切的面，如图1-34所示。

②视图中相邻的两个线框，或线框套线框，必然代表形体上的两个表面。既然是两个面，就会有上下、左右、前后和斜交之分，如图1-35所示。

③正确判定视图中线框的凸台、凹坑、通孔，如图1-35所示。对照三视图即可准确判定：左视图中，小正方形线框为正方形凸台；俯视图上的圆为圆形凹坑；主视图上的圆为圆形通孔。

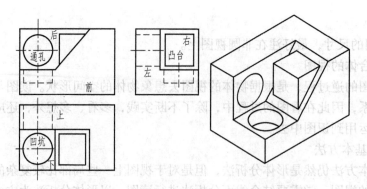

图 1-35　相邻两线框的相对位置

　　读图的步骤是：抓住特征分部分；分析投影；想象各个部分的形状；综合归纳想象整体。

2. 读图举例

　　例 1-3　读轴承座的三视图，如图 1-36 所示。

　　（1）抓住特征分部分　通过分析可知，主视图较明显地反映出 I、Ⅱ、Ⅲ形体的特征，而左视图则较明显地反映出形体Ⅳ的特征。据此，该轴承座可分为四部分（图 1-36a）。

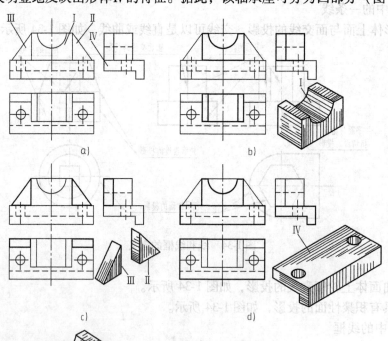

图 1-36　轴承座的读图方法

（2）按部分对投影、想形状　Ⅰ、Ⅱ和Ⅲ形体从主视图出发，形体Ⅳ从左视图出发，依据"三等"投影规律分别在其他两视图上找出对应的投影，如图中的粗实线所示，并想象出它们的形状，如图 1-36b、c、d 所示。

例1-4　用线面分析法读图，见表 1-7。

表 1-7　线面分析法读图

步骤	图　示	说　明	步骤	图　示	说　明
1	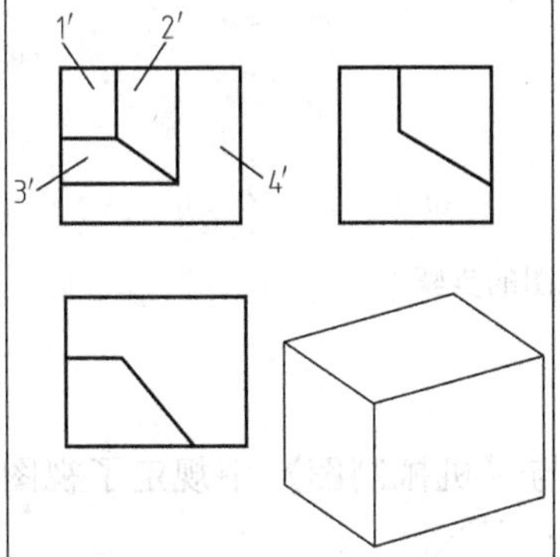	在正面投影中分线框	4	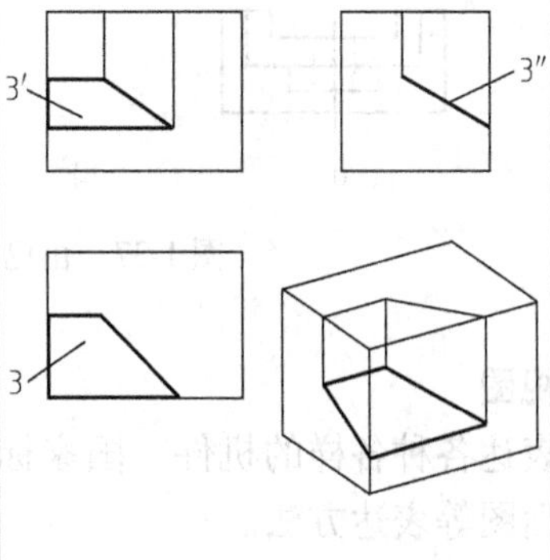	线框 3′ 表示的为侧垂面的投影
2	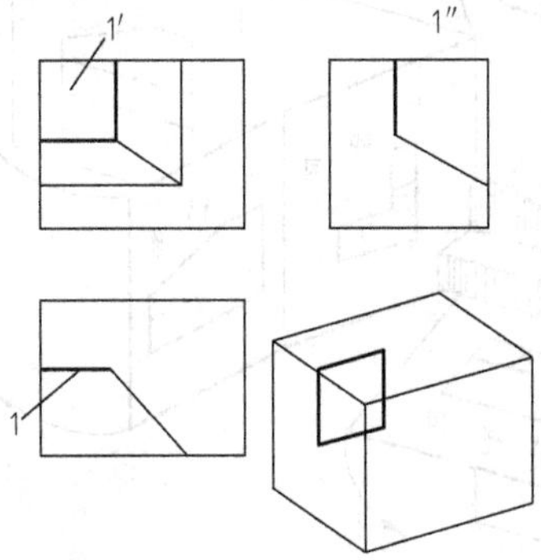	线框 1′ 表示的为正平面的投影	5	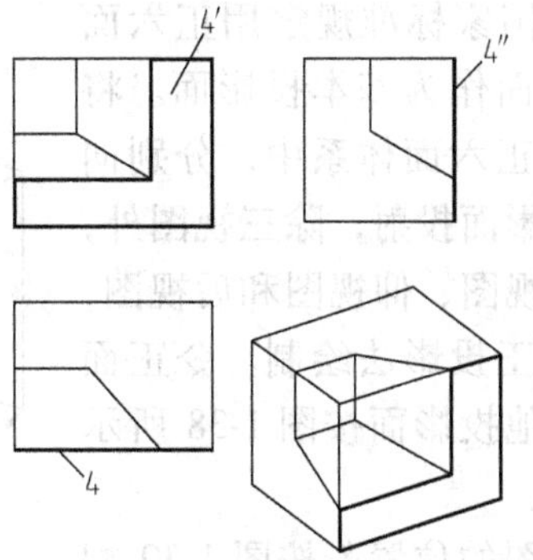	线框 4′ 表示的为正平面的投影
3	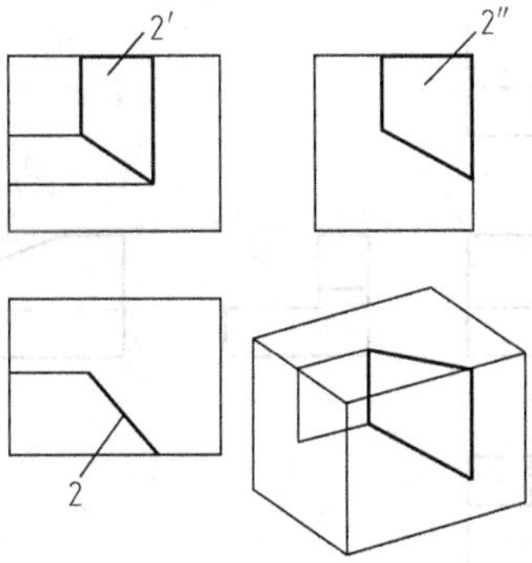	线框 2′ 表示的为铅垂面的投影	6	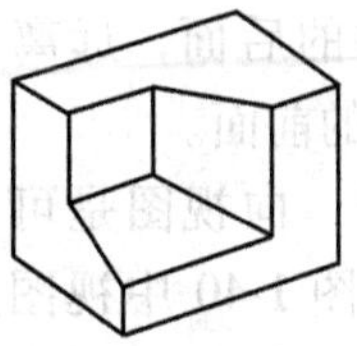	综合上述各面，想象出该物体的形状

例1-5 由图1-37所示的两个视图，补画左视图。

其步骤见图1-37b、c、d、e、f。

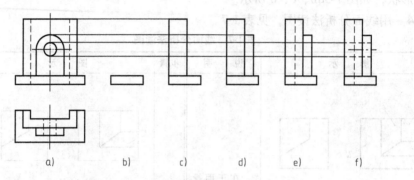

图1-37　由已知两视图补画第三视图的步骤

七、视图

为了表达各种各样的机件，国家标准《技术制图》与《机械制图》中规定了视图、剖视图、断面图等表达方法。

（1）基本视图　机件向基本投影面投射所得的视图，称为基本视图。国家标准规定用正六面体的六个面作为基本投影面。将机件置于正六面体系中，分别向各基本投影面投射，除三视图外，还得到右视图、仰视图和后视图，其图形按正投影法绘制。令正面不动，其他投影面按图1-38所示方法展开。

各视图的位置若按图1-39配置时，一律不再标注视图的名称。

六个基本视图仍符合"长对正、高平齐、宽相等"的投影规律。除后视图外，其余各视图靠近主视图的一侧为机件的后面，远离主视图的一侧为机件的前面。

（2）向视图　向视图是可自由配置的视图，如图1-40中视图上方注有 *A*、*B*、*C* 的三个图均为向视图，在相应的视图附近，用箭头和相同的大写字母表示该向视图的投射方向。

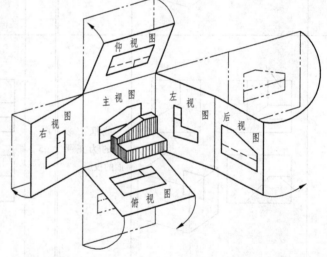

图1-38　六个基本投影面及其展开

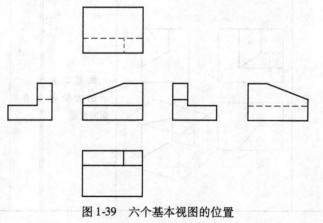

图1-39　六个基本视图的位置

（3）局部视图　将机件的某一部分向基本投影面投射所得的视图称为局部视图。它是不完整的基本视图，用于表达机件的局部结构的外形，如图1-41b中局部视图"*A*"、"*B*"所示。

局部视图的断裂边界应以波浪线表示，如图1-41b中局部视图"*A*"。当所表示的局部结构是完整的，且外轮廓又成封闭状态时，波浪线可省略不画，如图1-41b中局部视图"*B*"。

局部视图的位置应尽量按投影关系配置，此时，中间若没有其他图形隔开，即可省略标注（见图1-42下方的局部视图），否则需在局部视图上方标出"×"，在相应的视图附近中箭头指明投射方向，并注上相同的字母。

（4）斜视图　将机件上倾斜部分的结构向不平行于任何基本投影面的平面投射所得的视图称为斜视图，如图1-42b中的"*A*"视图。

斜视图通常按向视图的形式配置，必须标注，其断裂边界以波浪线表示。斜视图允许旋转，但需画出旋转符号，其旋转方向要与视图实际旋转方向一致（图1-42b）。

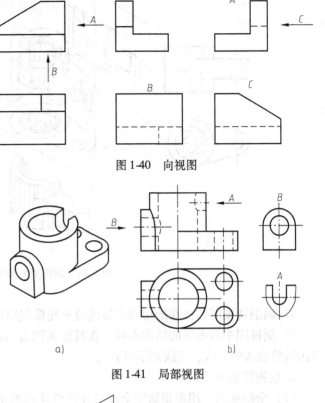

图1-40　向视图

图1-41　局部视图

八、剖视图

1. 剖视图的概念

假想用剖切面剖开机件，将处在观察者和剖切面之间的部分移去，而将其余部分向投影面投射所得的图形，称为剖视图，简称剖视，如图1-43所示。

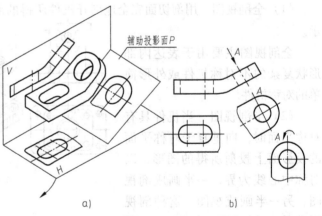

图1-42　斜视图

2. 画剖视图的注意事项

1）剖切是假想的，当一个视图取剖视后，其余视图应完整画出（图1-43俯视图）。

2）剖切面应通过机件上孔、槽的中心线或内形对称面，并平行于某个基本投影面。

3）剖切面与机件的接触部分应画剖面线。金属材料的剖面线用细实线绘制，与水平成45°，如图1-43c所示。同一机件的各个剖面区域，其剖面线的方向和间距应相等。

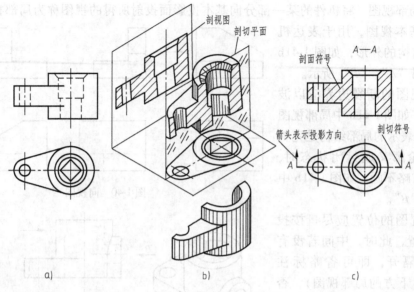

图 1-43 剖视图的形成

4）画剖视图时，留在剖切面之后的可见轮廓线应用粗实线全部画出。

5）剖视图中看不见的结构形状，在其他视图表示清楚时，其虚线可省略不画。对尚未表达清楚的结构形状，虚线则不可省略。

3. 剖视图的种类

（1）全剖视图 用剖切面完全地剖开机件所得的剖视图，称为全剖视图，如图 1-43 所示。

全剖视图主要用于表达内部形状复杂的不对称机件或外形简单的对称机件。

（2）半剖视图 当机件具有对称平面时，向垂直于对称平面的投影面上投射所得的图形，以对称中心线为界，一半画成剖视图，另一半画成视图，这种剖视图称为半剖视图，如图 1-44 所示。

画半剖视图时的注意事项：

1）绘制半剖视图的对象是内外形状都需要表达的对称机件。

2）半个视图与半个剖视图的分界线应是点画线。

3）采用半剖视图后，不剖的一半一般不画虚线。

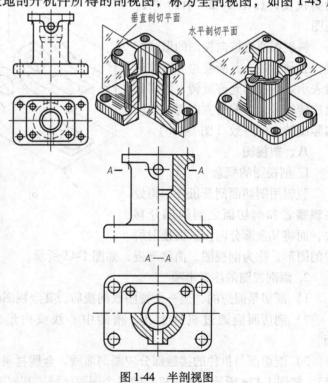

图 1-44 半剖视图

（3）局部剖视图　用剖切面局部地剖开机件所得的剖视图，称为局部剖视图，如图 1-45 所示。

局部剖视图既能把机件的内部形状表达清楚，又能保留机件的某些外形，并且其剖切范围可根据需要而定，表达起来比较灵活。当机件的轮廓线与对称中心线重合，不宜采用半剖视图，如图 1-46 所示。

图 1-45　局部剖视图（一）　　　　　　　　图 1-46　局部剖视图（二）

在局部剖视图中，被剖部分与未剖部分应以波浪线分界。波浪线不能与视图上其他图线重合，不能穿空而过，也不能超越被剖开部分的外形轮廓线，如图 1-47 所示 1、2、3 处均为错误的画法。

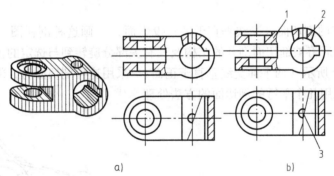

图 1-47　局部剖视图中的波浪线画法

4. 剖切面的种类

（1）单一剖切面　用一个剖切面剖开机件的方法称为单一剖切。这个剖切面可以是平行于基本投影面的剖切面，如前面所介绍的全剖视图、半剖视图和局部剖视图都是用这种剖切面剖开机件而得到的剖视图。

单一剖切面也可以是不平行于任何基本投影面的剖切面，如图 1-48 中的 *B—B*。这种剖视图通常按向视图或斜视图的形式配置并标注。一般按投影关系配置在与剖切符号相对应的位置上。在不致引起误解的情况下，也允许图形旋转，如图 1-48c 所示。

（2）几个平行的剖切面　当机件上的几个欲剖部位不处在同一个平面上时，可采用这种剖切方法。几个平行的剖切面可能是两个或两个以上，各剖切面的转折处必须是直角，如图 1-49 所示。

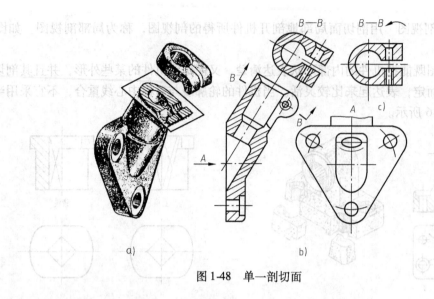

图 1-48　单一剖切面

画这种剖视图时应注意：

1）因为剖切面是假想的，所以不应画出剖切面转折处的投影。

2）图形内不应出现不完整要素。

3）必须在相应视图上用剖切符号表示剖切面的起讫和转折处位置，并注写相同字母（图 1-49）。

（3）几个相交的剖切面（交线垂直于某一投影面）　画这种剖视图，首先假想按剖切位置剖开机件，然后将被剖切面剖开的结构及其有关部分旋转到与选定的投影面平行后再进行投射，如图 1-50 所示（两平面交线垂直于正面）。采用这种剖切面时，剖切符号和视图名称的标注，可按采用几个平行的剖切面的方法处理。

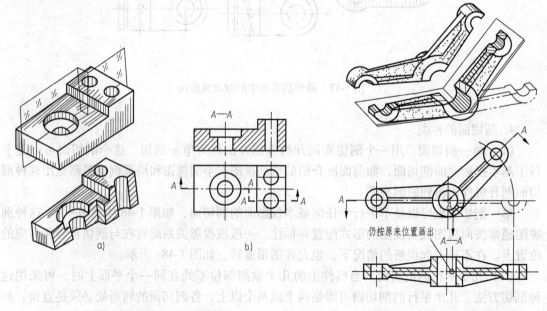

图 1-49　几个平行的剖切面　　　　　　图 1-50　几个相交的剖切面

画图时应注意：在剖切面后的其他结构，应按原来的位置投射，如图1-50中的油孔。

5. 剖视图的标注

绘制剖视图时，一般应在剖视图的上方用字母标出剖视图的名称"×—×"；在相应的视图上用剖切符号表示剖切位置，用箭头表示投射方向，并注上相同字母，见图1-43～图1-50。

当剖视图按投影关系配置，中间又没有其他图形隔开时，可省略箭头，见图1-44。

当单一剖切面通过机件的对称平面，且剖视图按投影关系配置，中间又没有其他图形隔开时，可省略标注。用单一剖切，局部剖视图可省略标注。

九、断面图

假想用剖切面将物体的某处切断，仅画出断面的图形，称为断面图（也可简称断面）。

断面图与剖视图不同之处为：断面图仅画出机件断面的图形，而剖视图则要求画出剖切面后所有部分的投影，如图1-51所示。

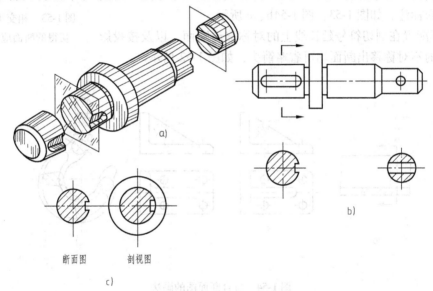

图1-51　断面图及其与剖视图的区别

1. 断面图的种类

（1）移出断面图　画在视图轮廓之外的断面图称为移出断面图，其轮廓线用粗实线绘制（图1-51）。当剖切面通过回转面形成的孔或凹坑的轴线时，这些结构按剖视图绘制，如图1-52所示。

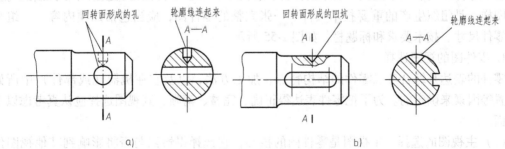

图1-52　带有孔或凹坑的断面图画法

由两个或多个相交的剖切面剖切所得到的断面图一般应断开绘制，如图 1-53 所示。

（2）重合断面图　画在视图轮廓之内的断面图称为重合断面图，如图 1-54 所示。

重合断面的轮廓线用细实线绘制。当视图中的轮廓线与重合断面的图形重叠时，视图中的轮廓线仍应连续画出，不可间断，如图 1-54a 所示。

2. 断面图的标注

1）不对称的重合断面，及画在剖切符号延长线上的不对称移出断面，要画出剖切符号和箭头，可省略字母，如图 1-51、图 1-54a 所示。

2）对称的重合断面，及画在剖切面延长线上的对称移出断面，均不必标注，如图 1-53，图 1-54b、c 所示。

3）不配置在剖切符号延长线上的对称移出断面，以及按投影关系配置的不对称移出断面均可省略箭头，如图 1-52 所示。

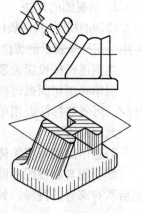

图 1-53　相交平面剖切得的断面应断开

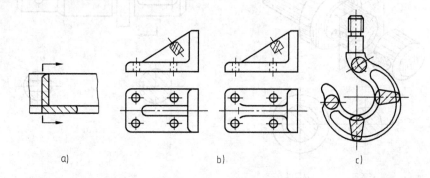

a)　　　　　　　　　b)　　　　　　　　　c)

图 1-54　重合断面图的画法

第三节　零件图

一、零件图的表达

表示零件结构、大小及技术要求的图样，称为零件图。零件图是直接指导零件制造与检验的图样，是组织生产的重要技术文件。一张完整的零件图，应当包括四项内容：一组视图、零件尺寸、技术要求和标题栏，如图 1-55 所示。

1. 零件图的视图选择

零件的表达是综合考虑零件的结构特点、加工方法，以及它在机器（或部件）中所处的位置等因素来确定的。为了把零件表达得正确、完整、清晰，其视图选择应认真考虑以下两方面。

（1）主视图的选择　主视图是零件图的核心，它选择得恰当与否将影响到其他视图位置、数量，以及看图与绘图是否方便。因此在选择主视图时应考虑以下原则：

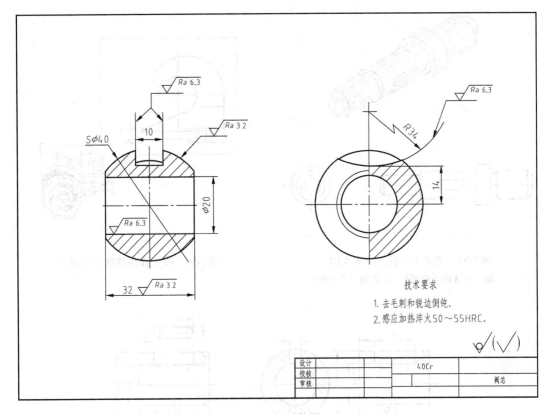

图1-55 零件图

1）反映形状结构特征原则。选择主视图时，应将最能显示零件各组成部分的形状和相对位置的方向作为主视图投射方向，如图1-56所示。

2）加工位置原则。对于加工位置比较单一的零件，主视图应尽量符合零件的主要加工工序位置。如加工轴、套、轮、盘等零件，大部分工序是在车床或磨床上进行的。因此，这类零件的主视图应将其轴线水平放置，如图1-57b所示。

3）工作位置原则。主视图的选择，应尽量符合它在机器（或部件）上所处的位置。图1-58所示为汽车上前拖钩的主视图，它反映在汽车上所处的位置（即工作位置）。

（2）其他视图的选择　在主视图确定后，其他视图的选择应从以下几个方面来考虑：

1）在能够充分而清晰地表达零件形状结构的前提下，所选用的视图数量尽可能要少。

2）分析零件在主视图中尚未表达清楚的部分，从而确定还应选取哪些视图来作出相应的表达。显然，所选的视图应有其表达的重点内容，如图1-59b中表达方案既完整又简明。

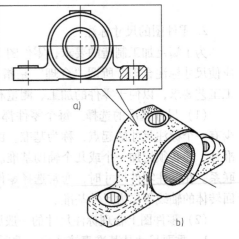

图1-56　按形状结构特征选择主视图
a）轴承座主视图　b）轴承座轴测图

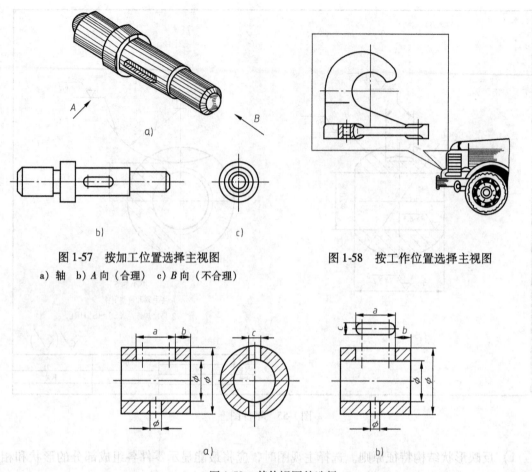

图1-57 按加工位置选择主视图
a）轴　b）A向（合理）　c）B向（不合理）

图1-58 按工作位置选择主视图

图1-59 其他视图的选择

2. 零件图的尺寸标注

为了满足加工制造的要求，零件图上的尺寸除了要符合正确、齐全和清晰的要求外，还应使尺寸标注合理。所谓"合理"是指所注的尺寸既要满足零件的设计要求，又要符合加工工艺要求，以便于零件的加工、测量和检验。

（1）尺寸基准的选择　每个零件都有长、宽、高三个方向的尺寸，因此每个方向都至少有一个标注尺寸的起点，称为基准。由于加工和检验的需要，在同一方向上除一个主要基准外，还必须增加一个或几个辅助基准。必须注意：主要基准与辅助基准之间应有尺寸直接联系。在标注零件尺寸时，通常选择零件的主要安装面、重要端面、装配结合面、对称面及回转体的轴线等作为尺寸基准。

（2）零件图上合理标注尺寸的一般原则

1）重要尺寸从基准直接注出。重要尺寸一定要直接标注出来。重要尺寸主要是指直接影响零件在机器中的工作性能和位置关系的尺寸。常见的如零件之间的配合尺寸，重要的安装定位尺寸等，如图1-60所示的轴承座是左右对称的零件，轴承孔的中心高 H 和安装孔的距离尺寸 L 是重要尺寸，必须直接注出，如图1-60a所示。而图1-60b中的重要尺寸需依靠间接计算才能得到，这样容易造成误差积累。

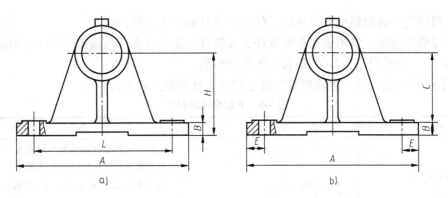

图 1-60 重要尺寸直接标注出
a）合理 b）不合理

2）不能注成封闭尺寸链。封闭的尺寸链是指首尾相接，形成一整圈的一组尺寸。图 1-61 所示的阶梯轴，长度 b 有一定的精度要求。图 1-61a 中选出一个不重要的尺寸空出，加工所有的误差就积累在这一段上，保证了长度 b 的精度要求。而图 1-61b 中长度尺寸 b、c、e、d 首尾相接，构成一个封闭的尺寸链，加工时，尺寸 c、d、e 都会产生误差，这样所有的误差都会积累到尺寸 b 上，因此不能保证尺寸 b 的精度要求。

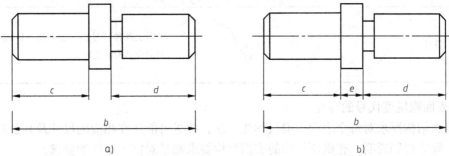

图 1-61 避免出现封闭尺寸链
a）合理 b）不合理

3）尺寸标注应便于测量，如图 1-62 所示。

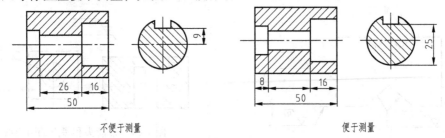

不便于测量   便于测量

图 1-62 尺寸标注便于测量

3. 零件图的技术要求

（1）表面粗糙度 零件加工表面上具有的较小间距和峰谷所组成的微观几何形状特性，

称为表面粗糙度。表面粗糙度是评定零件表面质量的一项重要指标。

国家标准中规定，常用表面粗糙度评定参数有：轮廓算术平均偏差（Ra）、和轮廓最大高度（Rz）。一般情况下，Ra 为最常用的评定参数。

1）表面粗糙度符号。表面粗糙度符号的意义及说明见表1-8。

表1-8　表面粗糙度符号

符号名称	符　　号	含　　义
基本图形符号		未指明工艺方法的表面，但通过一注释解释可单独使用。$H_1 = 1.4h$，H_2（最小）$= 3h$，符号线宽为 $1/10h$，h 为字高，H_2 的高度取决于标注的内容
扩展图形符号		用去除材料的方法获得的表面，仅当其含义是被加工表面时可单独使用
		不去除材料的表面；也可用于保持上道工序形成的表面，不管这种状况是通过去除或不去除材料形成的
完整图形符号		在以上各种符号的长边上加一横线，以便注写对表面结构的各种要求

2）表面粗糙度代号的标注

①表面结构要求对每个表面一般只标注一次，并尽可能注在相应的尺寸及其公差的同一视图上。除非特别说明，否则所标注的表面结构要求都是对完工零件的要求。

②表面结构的注写和读取方向与尺寸数字的注写和读取方向一致。

③表面结构要求可标注在轮廓线或指引线上或延长线，其符号从材料外指向并接触材料表面，两相邻表面具有相同的表面结构要求时，可用带箭头的公共指引线引出标注，如图1-63所示。必要时也可用带箭头或黑点的指引线引出标注，如图1-64所示。

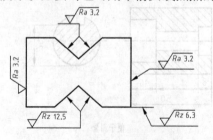

图1-63　表面结构要求的注写

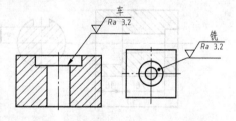

图1-64　带箭头和黑点的引出线

④在不致引起误解时，表面结构要求可标注在给定的尺寸线上，如图1-65所示。

⑤表面结构要求可标注在公差框格的上方，如图1-66所示。

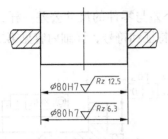

图 1-65　表面结构要求
标注尺寸线上

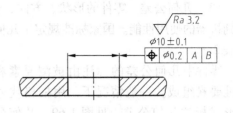

图 1-66　表面结构要求标注
在公差框格的上方

⑥如果工件的多数（包括全部）表面有相同的表面结构要求，则其表面结构要求可统一注写在图样的标题栏附近（不同的表面结构要求直接标注在图中），此时，表面结构要求的符号后应有：在圆括号内给出无任何其他标注的基本符号，如图 1-67a 所示，或在圆括号内给出不同的表面结构要求，如图 1-67b 所示。

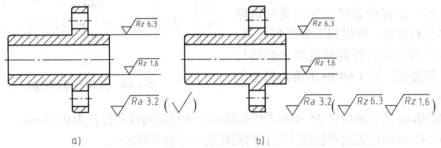

图 1-67　表面结构要求统一注写

（2）极限与配合（详细内容见第二章第二节）　为保证零件具有互换性，应对其尺寸规定一个允许变动的范围——允许尺寸的变动量，称为尺寸公差。

配合是指两个公称尺寸相同的，相互结合的孔和轴公差带之间的关系。由于孔、轴尺寸不同，装配后松紧程度不同，可分别形成间隙配合、过盈配合和过渡配合。

1）在零件图上的标注。在零件图上的标注共有三种形式：在公称尺寸后只注公差带代号（公差带代号由基本偏差代号"字母"与标准公差等级"数字"组成），如图 1-68a 所示，或只注极限偏差（图 1-68b），或代号和偏差兼注（图 1-68c）。

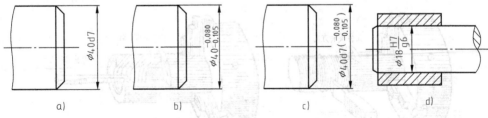

图 1-68　极限与配合在图样上的尺寸标注

2）在装配图上的标注。在装配图上标注配合代号，应采用组合式注法，如图 1-68d 所示：在公称尺寸后面用分式表示，分子为孔的公差带代号，分母为轴的公差带代号。

（3）几何公差 零件的形状、方向、位置和跳动公差与零件的尺寸公差一样，直接影响到机器的使用性能。国家标准规定了几何公差的几何特征和符号，详细内容见第二章第二节表2-2。

零件中几何公差的标注由被测要素和基准要素组成。一般情况下，用框格代号的形式标注几何公差，见图1-69。几何公差框格按水平方向从左至右由两格或多格组成。国家标准规定：第一格填写几何公差的特征项目符号，第二格填写公差值及有关附加符号，第三格及以后各格均填写位置公差基准要素的代号。标注时，用带箭头的指引线将几何公差框格与被测要素相连。

零件的一般部位靠尺寸公差就可以限制形状和相对位置，所以以用不到几何公差。只是在零件的某些有较高精度要求的部位才标注几何公差。图1-69中几项几何公差含义如下：

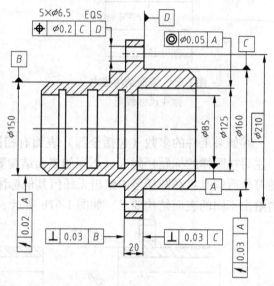

图1-69 几何公差的识读

1）$\phi160mm$ 圆柱表面对 $\phi85mm$ 圆柱孔轴线 A 的径向圆跳动公差为 0.03mm。

2）$\phi150mm$ 圆柱表面对轴线 A 的径向圆跳动公差为 0.02mm。

3）厚度为 20mm 的安装板左端面对 $\phi150mm$ 圆柱面轴线的垂直度公差为 0.03mm。

4）厚度为 20mm 的安装板右端面对 $\phi160mm$ 圆柱面轴线 C 的垂直度公差为 0.03mm。

5）$\phi125mm$ 圆柱孔的轴线对轴线 A 的同轴度公差为 $\phi0.05mm$。

6）均布于 $\phi210mm$ 圆周上的 $\phi6.5mm$ 孔对基准 C 和 D 的位置度公差为 $\phi0.2mm$。

二、标准件和常用件

在机械设备中，除去一般零件之外，还有螺栓、螺钉、垫圈、键、销、齿轮、滚动轴承等标准件和常用件。本节重点介绍一些主要标准件和常用件的规定画法。

1. 螺纹

螺纹是根据螺旋线的形成原理加工而成的，螺纹可以在车床上进行加工，如图1-70所示。

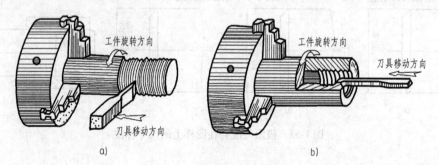

图1-70 在车床上加工螺纹

a）车外螺纹 b）车内螺纹

（1）螺纹的要素（图1-71）

1）牙型。在通过螺纹轴线的剖面上，螺纹的轮廓形状常用的有三角形、梯形等。

2）直径。有大径（外螺纹用 d 表示，内螺纹用 D 表示）、中径和小径之分。

3）线数（n）。有单线和多线之分，常用的为单线螺纹。

4）螺距（P）。相邻两牙在中径线上对应两点间的轴向距离。

5）导程（P_h）。同一条螺旋线上的相邻两牙在中径线上对应两点间的轴向距离。

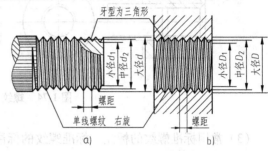

图1-71 螺纹的要素
a）外螺纹 b）内螺纹

$$导程(P_h) = 螺距(P) \times 线数(n)$$

6）旋向。分右旋和左旋，右旋为常用。

（2）螺纹的规定画法

1）外螺纹的画法。外螺纹的画法如图1-72所示。在投影为圆的视图中，表示小径圆的细实线只画约3/4圈，倒角圆不画，小径按大径的0.85倍画出。

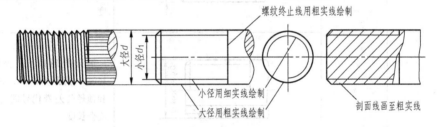

图1-72 外螺纹的画法

2）内螺纹的画法。内螺纹的画法如图1-73所示。在投影为圆的视图中，表示大径圆的细实线只画约3/4圈，倒角圆不画。小径按大径的0.85倍画出。

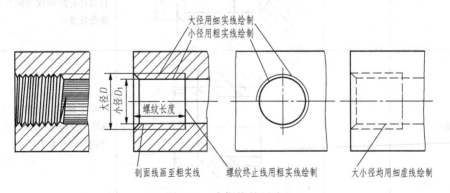

图1-73 内螺纹的画法

3）螺纹联接的画法。螺纹要素全部相同的内、外螺纹方能联接。在剖视图中，内外螺纹旋合的部分应按外螺纹的画法绘制，其余部分仍按各自的规定画法表示，如图1-74所示。应注意，表示内、外螺纹大径、小径的"线"，必须分别对齐。

36

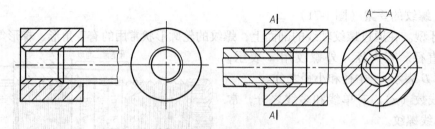

图 1-74　螺纹联接的画法

（3）常用标准螺纹的标注　标准螺纹的标注见表 1-9。

表 1-9　常用标准螺纹的标注

螺纹类别	螺纹代号	标注示例	标注的含义
普通螺纹	M	M20-5g6g-S	粗牙普通螺纹，公称直径为 20mm，螺距为 2.5mm，右旋，中径公差带代号为 5g，顶径公差带代号为 6g，旋合长度为短旋合长度
		M36X2-6g	细牙普通螺纹，公称直径为 36mm，螺距为 2mm，右旋，中径和顶径公差带代号同为 6g，中等旋合长度
		M24X1-6H	细牙普通螺纹，公称直径为 24mm，螺距为 1mm，右旋，中径和顶径公差带代号同为 6H，中等旋合长度
梯形螺纹	Tr	Tr40X14(P7)-7H	梯形螺纹，公称直径为 40mm，螺距为 7mm，双线，右旋，中径公差带代号为 7H
锯齿形螺纹	B	B32X6LH-7c	锯齿形螺纹，公称直径为 32mm，螺距为 6mm，单线，左旋，中径公差带代号为 7c，中等旋合长度

（续）

螺纹类别	螺纹代号	标注示例	标注的含义
非螺纹密封的管螺纹	G	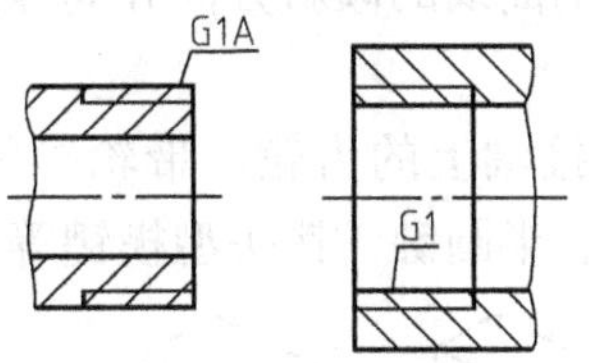 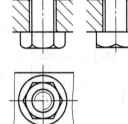	非螺纹密封的管螺纹，尺寸代号为1，外螺纹公差等级为A级
用螺纹密封的管螺纹	R_1 R_2 Rc Rp	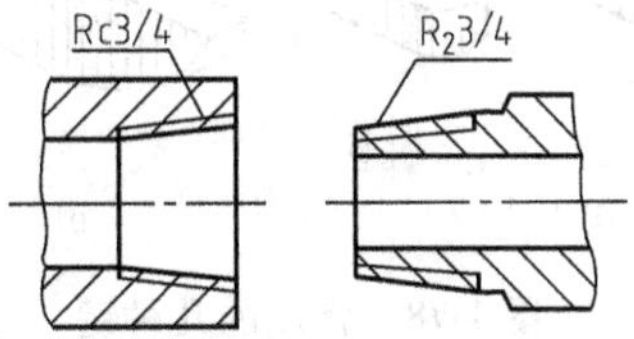	用螺纹密封的管螺纹，尺寸代号为3/4，内、外均为圆锥螺纹

螺纹标注要点说明：

1）粗牙螺纹不注螺距，细牙螺纹标注螺距。

2）右旋省略不注，左旋以"LH"表示。

3）中径、顶径公差带相同时，只注一个公差带代号。

4）旋合长度分短（S）、中（N）、长（L）三种，中等旋合长度不注。

5）螺纹标记应直接注在大径的尺寸线或延长线上。

（4）螺纹紧固件　常用的螺纹紧固件有：螺栓、双头螺柱、螺钉、螺母、垫圈等。这些紧固件均已标准化，它们各部分的结构和尺寸可查阅有关标准或手册。

图1-75、图1-76、图1-77分别示出了螺栓、双头螺柱和螺钉的联接画法。

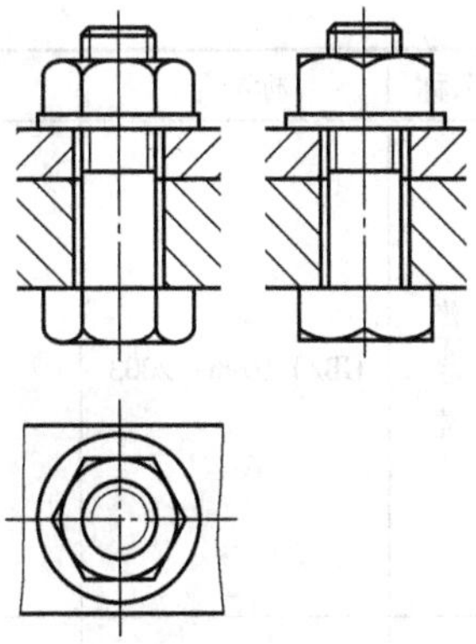

识图时应注意以下规定：

图 1-75　螺栓联接

1）当剖切平面通过螺杆的轴线时，螺栓、螺柱、螺钉、螺母及垫圈等均按不剖绘制。

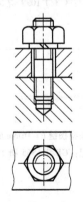

图 1-76　双头螺柱联接

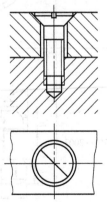

图 1-77　螺钉联接

2）两零件的接触面处只画一条线，不接触表面画两条线。

3）在剖视图中，相互接触的两个零件的剖面线方向相反，或者方向一致，间隔不等。同一个零件在各剖视图中，剖面线的倾斜方向和间隔应相同。

2. 键、销联接

（1）键联接 键主要用来联接轴上的齿轮、带轮等传动零件，起传递转矩的作用。键的种类较多，常用的有普通平键、半圆键、钩头型楔键等，如图1-78所示。

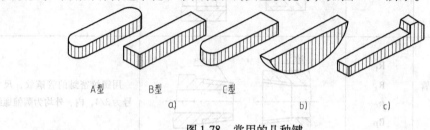

图1-78 常用的几种键

a）普通平键 b）半圆键 c）钩头型楔键

常用键的形式和标记示例见表1-10。

表1-10 常用键的形式和标记示例

名称	标准号	图 例	标记示例
普通平键	GB/T 1096—2003		圆头普通平键（A型）$b=16mm$ $h=10mm$ $L=100mm$ 标记：GB/T 1096 键 16×100 方头普通平键（B型）$b=16mm$ $h=10mm$ $L=100mm$ 标记：GB/T 1096 键 $B16\times100$
半圆键	GB/T 1099—2003		半圆键 $b=6mm$ $h=10mm$ $d_1=25mm$ 标记：GB/T 1099 键 $6\times10\times25$
钩头型楔键	GB/T 1565—2003		钩头型楔键 $b=16mm$ $h=10mm$ $L=100mm$ 标记：GB/T 1565 键 16×100

常用键的联接画法及识读，见表1-11。

表1-11 常用键的联接画法及识读

名　称	联接画法	说　明
普通平键	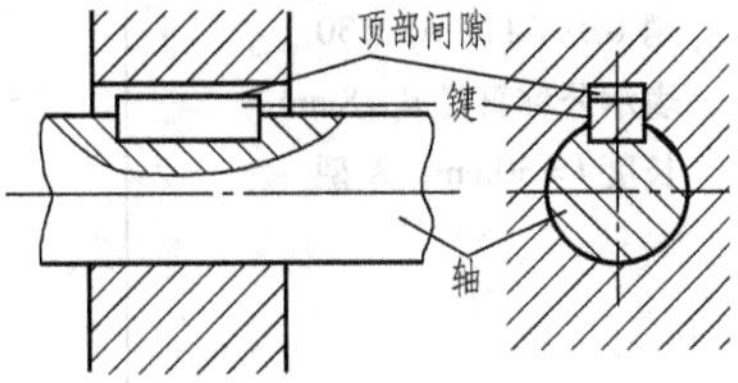	1. 键侧面接触 2. 顶面留有一定间隙 3. 键的倒角或圆角可省略不画
半圆键	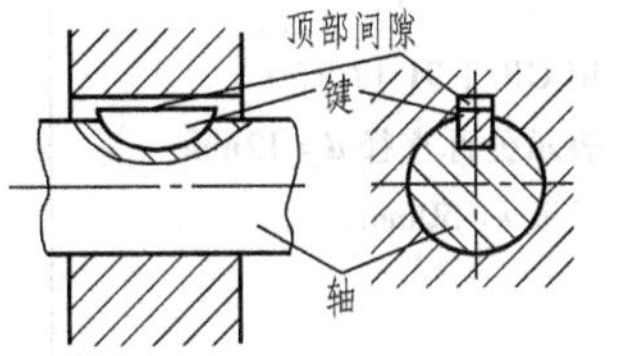	1. 键侧面接触 2. 顶面有间隙
钩头型楔键	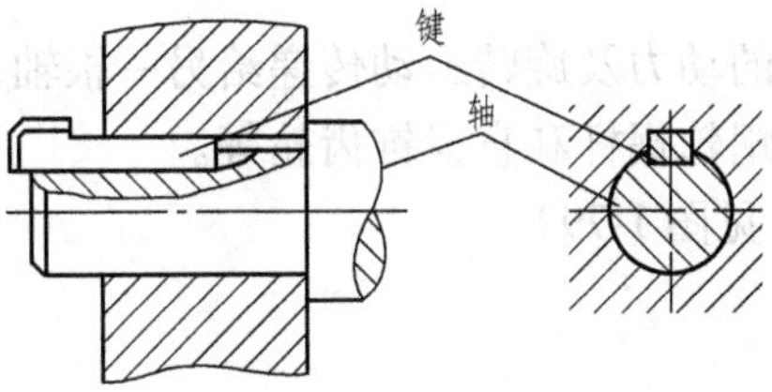	键与槽在顶面、底面、侧面同时接触，均无间隙

（2）销联接　销是标准件，常用于零件间的联接或定位。常用的销有：圆柱销、圆锥销和开口销，它们的形式、规定标记和联接画法见表1-12。

表1-12 销的形式、标记与联接画法

名称	形　式	标记示例	联接画法示例
圆柱销	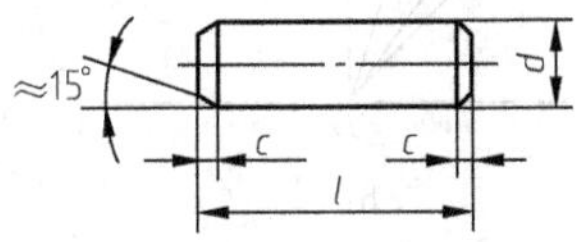	销 GB/T 119 A8×30 表示公称直径 $d=8$mm 长度 $l=30$mm，A 型	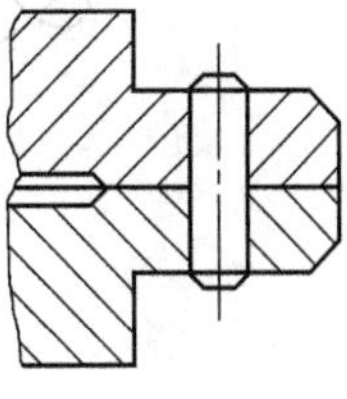

（续）

名称	形式	标记示例	联接画法示例
圆锥销		销 GB/T 117 A8×30 表示公称直径 $d=8$ mm 长度 $l=30$ mm，A 型	
开口销		销 GB/T 91 12×50 表示公称直径 $d=12$ mm 长度 $l=50$ mm	

3. 齿轮

齿轮是传动零件，它能将一根轴的动力及旋转运动传递给另一根轴，也可改变转速和方向。常用的齿轮有：直齿圆柱齿轮、蜗轮蜗杆和直齿锥齿轮等。

（1）直齿圆柱齿轮各部分名称（见图1-79）

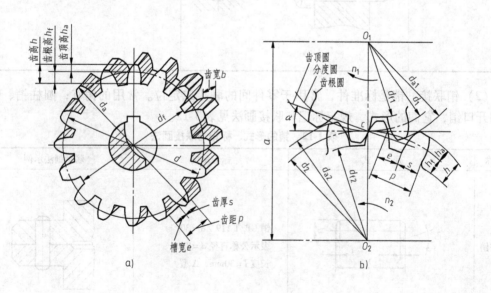

图 1-79 直齿圆柱齿轮各部分名称

（2）直齿圆柱齿轮的规定画法

1）单个圆柱齿轮的规定画法（见图1-80）

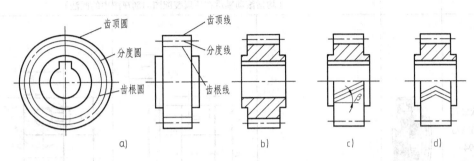

图1-80　单个圆柱齿轮的规定画法

①齿顶圆和齿顶线用粗实线绘制。

②分度圆和分度线用细点画线绘制。

③齿根圆和齿根线用细实线绘制，可省略不画。在剖视图中，齿根线用粗实线绘制。

④在剖视图中，当剖切平面通过齿轮轴线时，轮齿按不剖处理。

2）圆柱齿轮啮合图的画法。在端面视图中，啮合区内的齿顶圆均用粗实线绘制，如图1-81a所示。也可省略不画，见图1-81b。相切的两分度圆用细点画线画出，两齿根圆可省略不画。在剖视图中，啮合区内两分度圆相切处画一条细点画线，齿根线均为粗实线，两齿顶线，一条画粗实线；另一条画细虚线或省略不画。若不作剖视，则啮合区齿顶、齿根线均不画，分度线用粗实线绘制，见图1-81c。

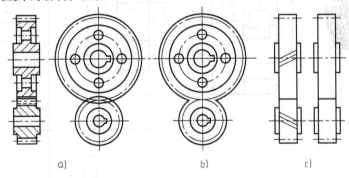

图1-81　齿轮啮合规定画法

4. 滚动轴承

滚动轴承是支撑旋转轴的部件，已经标准化，可根据使用要求，查阅有关标准选用。

滚动轴承一般不单独画出它的零件图，仅在装配图中根据其代号，从标准中查得外径D、内径d、宽度B等几个主要尺寸来进行绘制。

常用滚动轴承的结构和画法见表1-13。滚动轴承代号由基本代号、前置代号和后置代号构成，其排列方式如下：

| 前置代号 | 基本代号 | 后置代号 |

表 1-13　常用滚动轴承的结构和画法

轴承类型	结构形式	通用画法	特征画法	规定画法
		(均指滚动轴承在所属装配图的剖视图中的画法)		
深沟球轴承 （GB/T 276 —1994） 6000 型	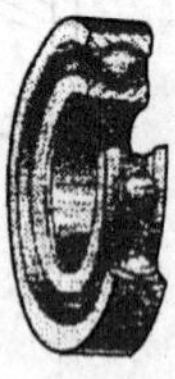		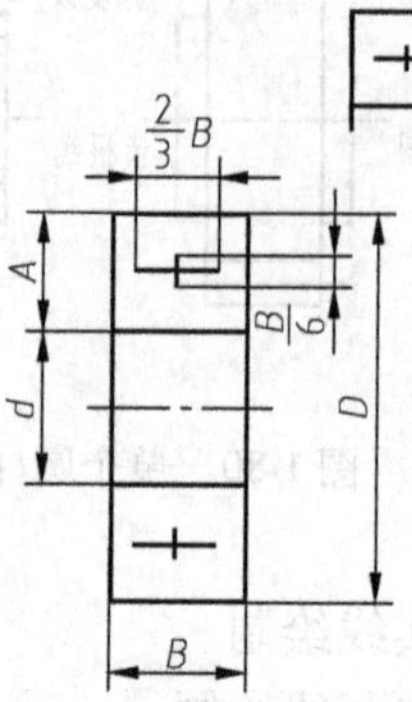	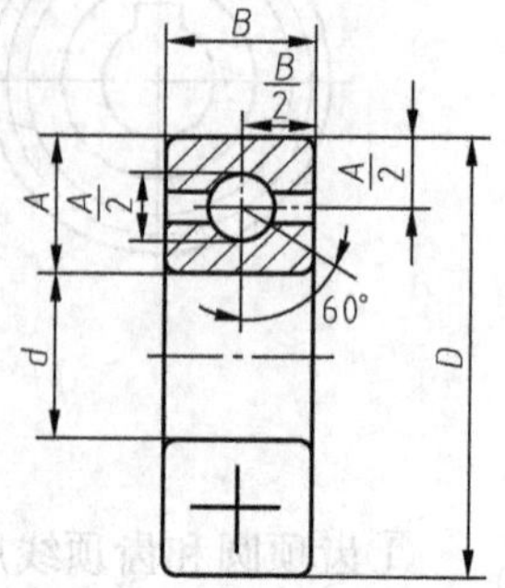
圆锥滚子轴承 （GB/T 297 —1994） 30000 型		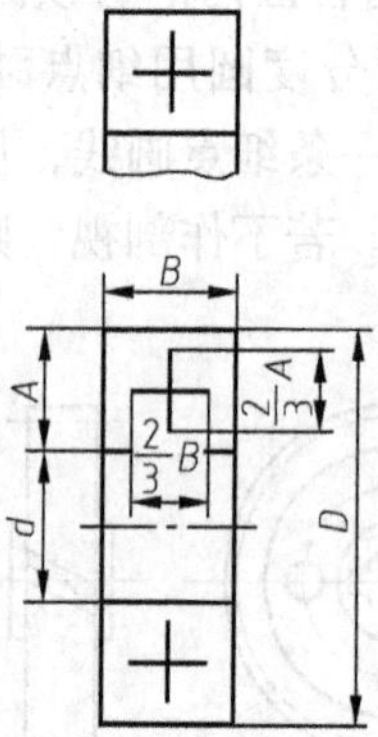	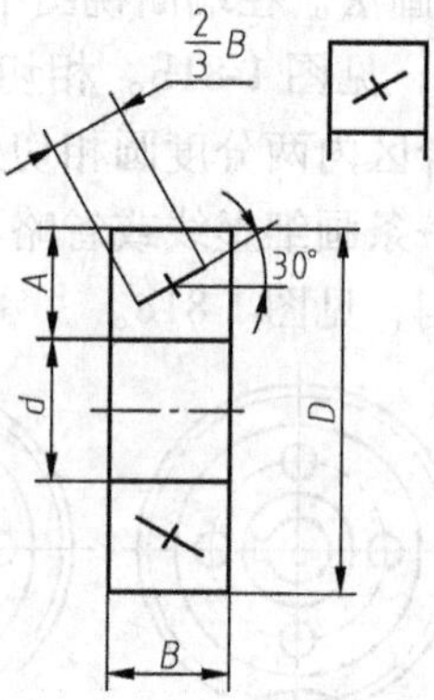	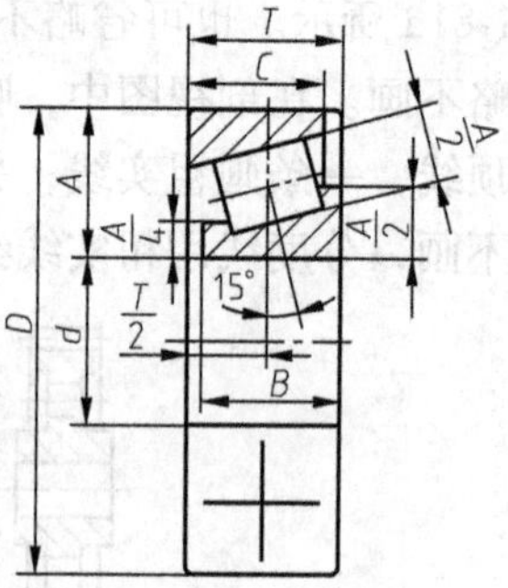
推力球轴承 （GB/T 301 —1995） 51000 型			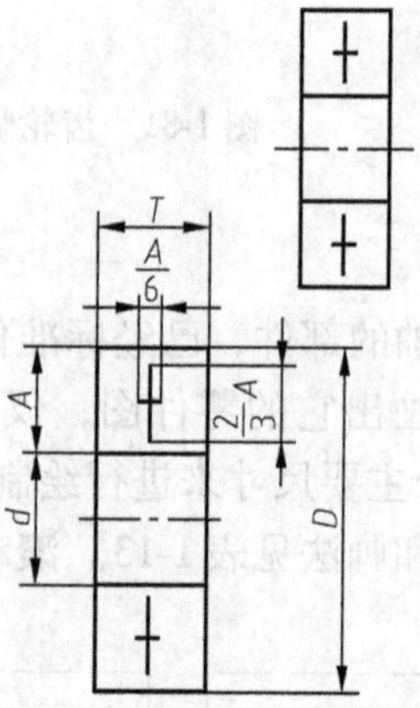	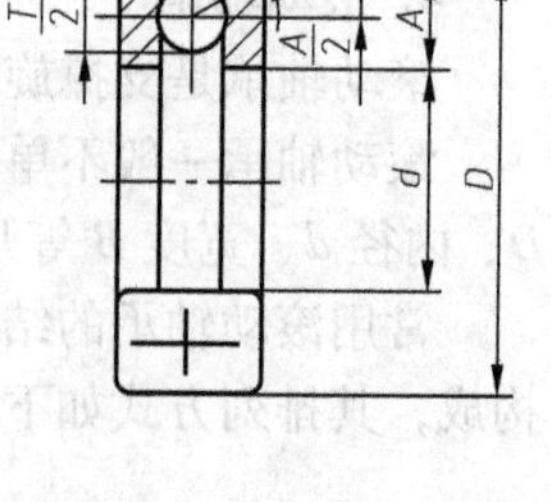

滚动轴承一般用基本代号表示。基本代号由类型代号、尺寸系列代号和内径代号其排列方式如下：

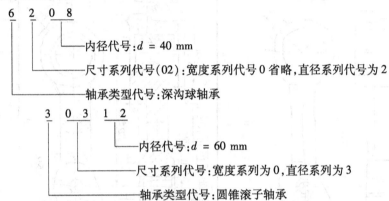

轴承代号标记示例：

当轴承在结构、尺寸、公差、技术要求等有改变时，可在基本代号前、后添加补充代号。前置代号用字母表示，后置代号用字母（或加数字）表示。

三、零件的测绘

根据已有的零件，不用或只用简单的绘图工具，用较快的速度，徒手目测画出零件的视图，测量并注上尺寸及技术要求，得到零件草图。然后参考有关资料，整理绘制出供生产使用的零件工作图。这个过程称为零件测绘。

零件测绘对推广先进技术、改造现有设备、技术革新和修配零件等都有重要作用。因此，零件测绘是实际生产中的重要工作之一，是工程技术人员必须掌握的制图技能。零件测绘通常与所属的部件或机器的测绘协同进行，以便了解零件的功能、结构要求，从而协调零件图的视图、尺寸和技术要求。

1. 零件草图的绘制

（1）分析零件 为了将被测零件准确完整地表达出来，应先对被测零件进行认真地分析，了解零件的类型、在机器中的作用、使用的材料及大致的加工方法。

（2）确定零件的视图表达方案 根据零件的具体结构和各种表达方法的适用范围，选用适当的表达方法，将零件的内外形结构表达清楚。

（3）目测徒手画出零件草图 零件的表达方案确定后，便可按下列步骤画出零件草图：

1）确定绘图比例。根据零件大小、视图数量、现有图纸大小，确定适当的比例。

2）定位布局。根据所选比例，粗略确定各视图应占的图纸面积，在图纸上作出主要视图的作图基准线、中心线。注意留出标注尺寸和画其他补充视图的地方，如图 1-82a 所示。

3）详细画出零件的内外结构和形状，如图 1-82b 所示。注意各部分结构之间的比例应协调，再用形体分析法找出各部分的定形尺寸和定位尺寸。在分析中要注意检查是否有多余的尺寸和遗漏的尺寸，并检查尺寸是否符合设计和工艺要求。

44

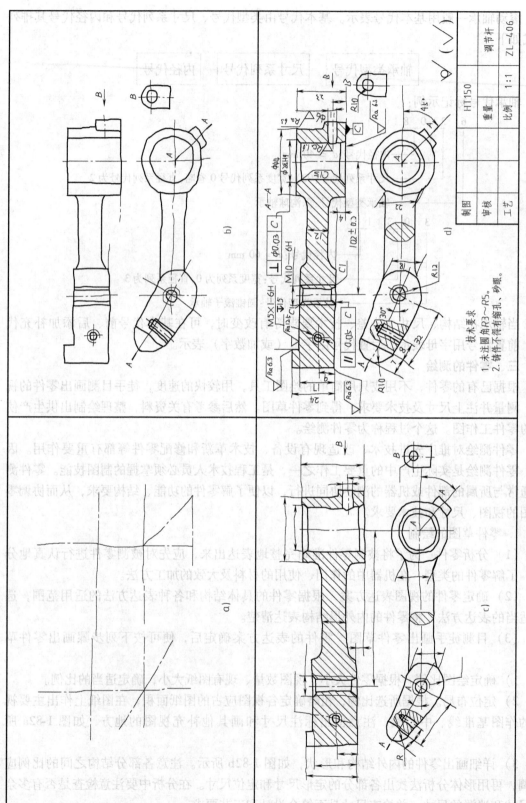

图 1-82　零件草图的绘制步骤

4）检查、加深有关图线。

5）画尺寸界线、尺寸线。将应该标注尺寸的尺寸界线、尺寸线全部画出，如图 1-82c 所示。

6）集中测量、注写各个尺寸。注意最好不要画一个、量一个、注写一个。这样不但费时，而且容易将某些尺寸遗漏或注错。

7）确定并注写技术要求。根据实践经验或用样板比较，确定表面结构要求；查阅有关资料，确定零件的材料、尺寸公差、几何公差及热处理等要求，如图 1-82d 所示。

8）最后检查、修改全图并填写标题栏，完成草图。

（4）绘制零件工作图　由于绘制零件草图时，往往受地点条件的限制，有些问题有可能处理得不够完善。因此，在画零件工作图时，还需要对草图进一步检查和校对，然后用仪器或计算机画出零件工作图。具体步骤与绘制草图基本相同。

1）确定比例和图幅，画图框线及标题栏，布图，画基准线。

2）画底稿完成全部图形。

3）检查，擦去多余的线条，加深，画剖面线、尺寸线和箭头。

4）注写尺寸数值、技术要求，填写标题栏。

5）校核即完成零件工作图的绘制。

四、读零件图

读零件图的目的是根据已有的零件图，了解零件的名称、材料、用途，并分析其图形、尺寸及技术要求，从而构思出零件各组成部分的结构特点，做到对零件有一个完整、具体的认识，以便在制造零件时能正确地采用相应的加工方法，以达到图样上的设计要求。

1. 读零件图的方法与步骤

（1）概括了解　首先从标题栏了解零件的名称、材料、比例等，对零件有一个初步的概念。

（2）分析视图，想象形状　从主视图入手，分析其他视图和主视图的对应关系，各个视所采用的表达方法。然后以形体分析法为主，结合线面分析法以及零件结构分析，逐一看懂零件各部分的形状、结构特点，进而综合想象出零件的完整形状。

（3）分析尺寸　结合零件的结构特点以及用途，先找出尺寸的主要基准，明确重要尺寸，然后了解其他尺寸。注意运用形体分析法看懂各组成部分的定形尺寸和定位尺寸，验证尺寸标注的完整性及合理性。

（4）了解技术要求　主要包括表面粗糙度，尺寸公差，了解一些重要尺寸的公差要求以及几何公差和其他技术要求，这些都是制定加工工艺的依据。

（5）综合归纳　把读懂的结构形状、尺寸标注和技术要求等内容综合起来，就能较全面地读懂零件图了。有时为了读懂比较复杂的零件图，还应参考有关的技术资料，以对零件的作用、工作情况及加工工艺作进一步了解。

2. 读零件图举例

以端盖为例进行分析，如图 1-83 所示。

（1）用途与特点　如图 1-83 所示为端盖零件图。端盖为轮盘类零件，此类零件主要起轴向支撑定位或压紧密封的作用，如齿轮、链轮、带轮等可以用来传递动力。轮盘类零件为扁平的形状，即轴线长度小于直径的回转体零件，圆盘、方盘、腰圆形盘都可以归结在轮盘类零件中。

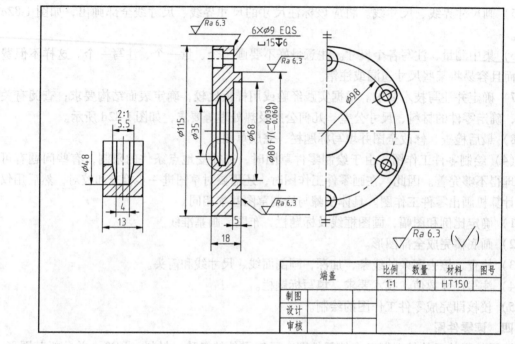

图1-83　端盖的零件图

（2）看标题栏　如图1-83所示，从标题栏中可知零件的名称是端盖，材料是灰铸铁HT150，比例是1:1。

（3）表达方案分析

1）轮盘类零件的加工主要是在上车床上进行的，所以应按加工位置来摆放零件。

2）一般需要两个基本视图。图1-83所示的端盖除主视图外，还需用左视图来表达孔的分布情况。

3）在表达方法上，表示主要结构的视图常为全剖视图或半剖视图。图1-83所示的主视图是全剖视图，另外还采用了局部放大图来表示细小结构。

（4）尺寸分析

1）轮盘类零件可选长度方向基准和径向基准。如图1-83所示，长度基准为右端面，径向基准为轴线。

2）如图1-83所示，定形尺寸有 ϕ115mm、ϕ35mm、ϕ80mm、ϕ68mm 和 18mm、13mm 等，定位尺寸有 ϕ98mm、5mm 等，总体尺寸有 ϕ115mm 和 18mm。

（5）技术要求分析　ϕ80f7 表示内孔有尺寸公差要求，它的表面粗糙度要求也比其他部位严格，没有几何公差要求。

（6）归纳总结　轮盘类零件应按加工位置摆放，主视图为非圆方向的投影，需要两个视图，常采用全剖视图或半剖视图。尺寸基准一般以端面作为长度方向基准，以回转体轴线作为径向基准。

图1-84所示为填料压盖零件图，说明轮盘类零件的形状不仅限于圆形，图中底板为腰圆形。图1-84中有几何公差要求，即底板右端面对 ϕ22mm 孔轴线的垂直度公差为0.01mm。

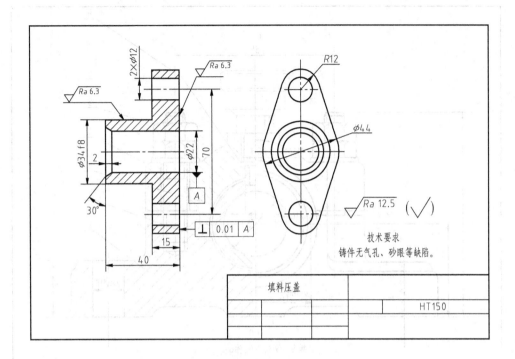

图 1-84　填料压盖零件图

第四节　装　配　图

装配图是用来表示机器或部件的结构、装配关系和工作原理的图样，在机器制造过程中，装配图是指导装配、检验以及维修机器的重要依据。一张完整的装配图应具有下列内容：①一组图形；②必要的尺寸；③技术要求；④零件编号、标题栏和明细栏，如图 1-85 所示。

一、装配图的规定画法

1）相邻两零件的接触面或配合面只画一条线；非接触面和非配合面，即使间隙再小，也应画两条线。

如图 1-85 中，在主视图中轴承座 1 与轴承盖 4 的接触面之间，俯视图中下衬套 2 与轴承座 1 的配合面之间，都只画一条线。而主视图中双头螺柱 6 与轴承盖 4 上的螺柱孔之间为非接触面，必须画两条线。

2）相邻两零件的剖面线，倾斜的方向应相反、间隔不等或线条错开。同一零件在各视图中剖面线的画法应一致。

如图 1-85 中，轴承座 1 与轴承盖 4 采用倾斜方向相反的剖面线。

3）在装配图上作剖视时，当剖切平面通过标准件（螺柱、螺母、垫圈、销、键等）和实心件（轴、杆、球等）的基本轴线时，这些零件均按不剖绘制。

如图 1-85 主视图中的双头螺柱 6 和螺母 7 均按不剖画出。

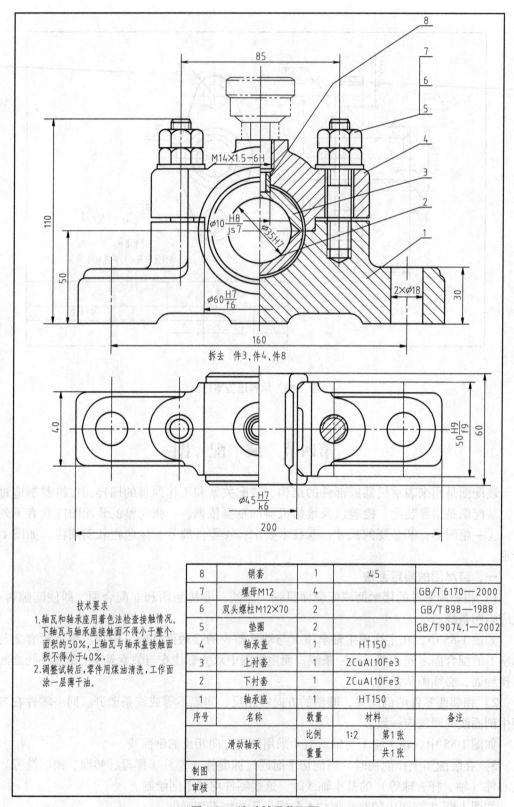

拆去 件3、件4、件8

技术要求
1.轴瓦和轴承座用着色法检查接触情况。
下轴瓦与轴承座接触面不得小于整个
面积的50%,上轴瓦与轴承盖接触面
积不得小于40%。
2.调整试转后,零件用煤油清洗,工作面
涂一层薄干油。

8	销套	1	45	
7	螺母M12	4		GB/T 6170—2000
6	双头螺柱M12×70	2		GB/T 898—1988
5	垫圈	2		GB/T 9074.1—2002
4	轴承盖	1	HT150	
3	上衬套	1	ZCuAl10Fe3	
2	下衬套	1	ZCuAl10Fe3	
1	轴承座	1	HT150	
序号	名称	数量	材料	备注
	滑动轴承	比例	1:2	第1张
		重量		共1张
制图				
审核				

图 1-85　滚动轴承装配图

二、装配图的特殊表达方法

1. 假想画法

1）在装配图上，当需要表示某些零件的运动范围和极限位置时，可用双点画线画出其轮廓，如图 1-86 所示。

2）在装配图中，当需要表达相邻件与本部件有装配关系时，可用双点画线画出其轮廓，如图 1-85 中的油杯。

2. 拆卸画法

为了表达装配体内部或后面的零件装配情况，在装配图中可假想将某些零件拆掉或沿某些零件的结合面剖切后绘制。对于拆去零件的视图，可在视图上方标注"拆去件×、×……"，如图 1-85 中的俯视图。如拆去的零件明显时，也可省略不注。

3. 简化画法

1）对于装配图中同一规格、均匀分布的螺栓、螺母等螺纹紧固件或相同零件组，允许只画一个或一组，其余用中心线或轴线表示其位置，如图 1-85 中螺钉的画法。

2）装配图中的滚动轴承允许采用图 1-87 中的简化画法。

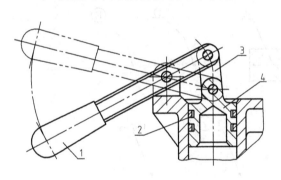

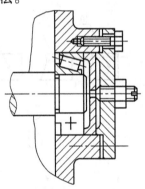

图 1-86　手摇泵手柄极限位置表示法
1—手柄　2—活塞环　3—连杆　4—活塞

图 1-87　简化画法

3）装配图中零件的工艺结构，如圆角、倒角、退刀槽等允许不画，如图 1-87 中的螺钉头部采用了简化画法。

4. 夸大画法

对于薄、细、小间隙，以及斜度、锥度很小的零件，可以适当加厚、加粗、加大画出；对于厚度或直径小于 2mm 的薄、细小零件的断面，可用涂黑代替剖面线，如图 1-87 中端盖与箱体凸台之间的垫片的画法。

三、装配图的尺寸标注

装配图应注有以下几类尺寸：

（1）性能（规格）尺寸　这类尺寸表达装配体性能或规格尺寸，它是设计、了解和选用机器或部件的重要依据。如图 1-85 中轴承孔的直径 $\phi35H7$。

（2）装配尺寸　这类尺寸表达装配体上相关零件之间的装配位置关系，这类尺寸包括：

1）配合尺寸如图 1-85 中的 $\phi35H7$、$60\frac{H7}{f6}$。

2）主要轴线的定位尺寸如图1-85中 $\phi35H7$ 孔的中心高50mm。

（3）安装尺寸　表示机器或部件安装时所需的尺寸，如图1-85中的尺寸 $\phi18$ mm、160mm。

（4）总体尺寸　表达装配体的总长、总高、总宽的尺寸，供安装、包装、运输机器部件时使用，如图1-85中的尺寸200mm、160mm、110mm。

（5）其他主要尺寸　用于表达设计时经过计算而确定的尺寸。如图1-85中轴承座底板的尺寸宽度40mm和高度30mm。

四、零件编号和明细栏

为了便于看图和生产管理，对组成装配体的所有零件（组件），应在装配图上编写序号，并在明细栏中填写零件的序号、名称、材料、数量等。

（1）序号编排方法　将组成装配体的所有零件（包括标准件）进行统一编号。相同的零（部）件编一个序号，序号应按顺时针（或逆时针）方向整齐地顺次排列在视图外明显的位置处。序号注写形式如图1-88所示。

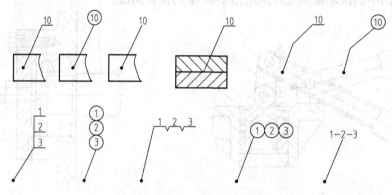

图1-88　序号注写形式

（2）明细栏　明细栏一般绘制在标题栏上方。明细栏应按编号顺序自下而上进行填写。位置不够时，可在与标题栏毗邻的左侧续编。

五、识读装配图

识读装配图目的是通过对图形、尺寸、符号、技术要求及标题栏、明细栏的分析，了解装配体的名称、用途和工作原理；了解各零件间的相对位置及装配关系，调整方法和拆装顺序；了解主要零件的结构形状以及在装配体中的作用。

现以机用虎钳装配图（图1-89）为例，说明识读装配图的一般方法和步骤。

（1）概括了解　从标题栏中了解装配体的名称、大致用途；由明细栏了解组成装配体的零件的数量、名称、材料等。

图1-89所示为机用虎钳的装配图，该虎钳是机床夹持轴类零件的专用工具，以便在轴上铣槽或钻孔。从明细栏中可看出，该虎钳由12种零件组成，其中9、10、12是标准件。

（2）原理分析　要看懂一张装配图，必须了解图中所表示的机器或部件的工作原理。对于简单的装配图可以从图中直接看出。如零件数目较多、图形复杂或者是新产品，就要配合说明书或其他技术资料进行读图。

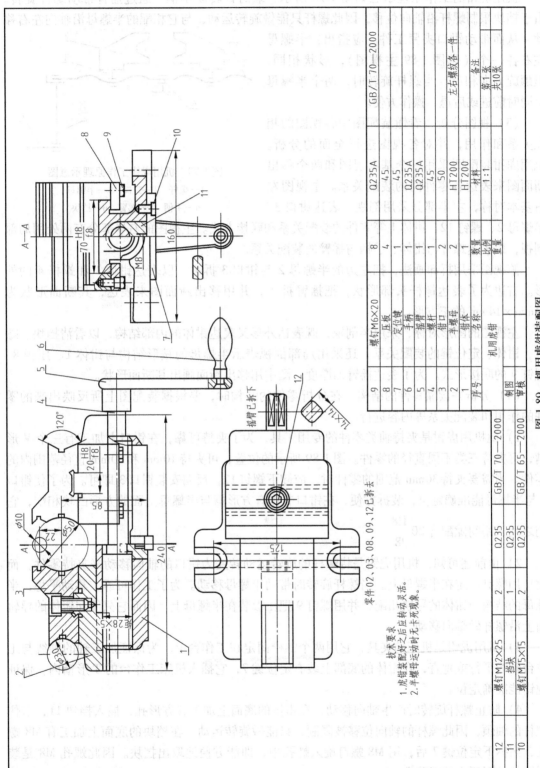

技术要求

1. 虎钳装配好之后应转动灵活。
2. 半螺母运动时应无卡死现象。

零件02、03、08、09、12已拆下

摇臂已拆下

12	螺钉M12×25	2	Q235	
11	挡块	1	Q235	
10	螺钉M15×15	2	Q235	GB/T 65—2000
9	螺钉M6×20	8	Q235A	GB/T 70—2000
8	压板	4	45	
7	定位键	1	45	
6	手柄	1	Q235A	
5	摇臂	1	Q235A	
4	螺杆	1	45	
3	钳口	2	50	左右螺纹各一件
2	半螺母	2	HT200	
1	钳体	1	HT200	
序号	名称	数量	材料	备注
	机用虎钳		比例 1:1	第1张
			重量	共10张
制图				
审核				

图 1-89　机用虎钳装配图

机用虎钳的工作原理示意如图 1-90 所示，顺时针转动手柄，通过摇臂带动螺杆旋转。由于挡块限制螺杆沿轴向位移，因此螺杆只能做旋转运动，与它相配的半螺母沿轴向左右移动，从而带动钳口夹紧工件。应指出：半螺母左右各一个（见图 1-89 主视图），形状相同，但螺旋方向相反。当螺杆旋转时，两个半螺母会同时前进或后退，操作方便。

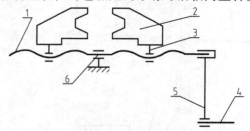

图 1-90　机用虎钳工作原理示意图
1—螺杆　2—钳口　3—半螺母
4—手柄　5—摇臂　6—挡块

（3）视图分析　看懂装配图中各视图的相互关系和作用，并对各视图进行全面的分析。机用虎钳装配图采用三个基本视图和两个移出断面图来表达各零件间的装配关系。主视图左右基本对称，左半部分采用剖视，表达钳口 3、半螺母 2、螺钉 12、钳体 1 等零件的装配关系和联接方式。主视图的右半部分有两处用局部剖视，以表达螺杆与钳体、手柄与摇臂的装配关系。

俯视图采用拆卸画法，把左边的半螺母 2 与钳口 3 拆去，以表达钳体 1 和螺杆 4 的外形。右边为了表达螺杆头部形状，把摇臂拆去，并用移出断面图来表达，其断面形状为 14mm×14mm 的正方形。

左视图的图形对称，采用半剖视，既表达外形又表达钳体的内部结构，以看清挡块、螺钉、钳体、定位键的装配关系，还采用局部剖视表示半螺母的鞍形结构与钳体 1、压板 8、螺钉 9 的联接形式。为了表达摇臂的厚度，图中用移出断面画出其断面形状。

（4）分析并读懂零件的结构　在分析零件的结构时，要根据装配图上所反映出来的零件的作用和装配关系等内容进行。

1）此机用虎钳是夹持轴类零件的专用工具，为了夹持可靠，在钳口上加工有三个 V 形槽，可夹持三类不同直径的零件。图 1-89 所示的位置，可夹持 10mm 和 50mm 直径范围内的零件。当需要夹持 30mm 范围的零件时，应卸下螺钉 12，反向安装钳口 3 即可。为了使钳口 3 与半螺母能准确定位，装拆方便，在钳口制作有方形槽与半螺母上面的方形凸块相配，它们之间采用间隙配合 $20\frac{H8}{f8}$。

2）由前述可知，机用虎钳是将螺杆的旋转运动转变为钳口的轴向移动来夹持零件，而钳口用螺钉固定在半螺母上。当螺杆旋转时带动半螺母移动。为了工作可靠，移动平稳，半螺母的结构与钳体的导轨相配，并用螺钉 9 把压板装在半螺母上，因而它只能在钳体的导轨面上沿螺杆做轴向移动。

3）机用虎钳是机床的夹具，它用两个螺栓固定在工作台上。为保证加工轴的轴线与工作台轴线平行或垂直，在钳体的底部上装有定位键 7，它插入机床工作台的 T 形槽内，保证虎钳能准确定位。

4）防止螺杆旋转时产生轴向移动，在钳体的底面上加工有方形孔，插入挡块 11，卡住螺杆的轴颈，因此螺杆的轴向位移被限制，只能做旋转运动。在挡块的底面上加工有 M8 螺孔，当拆下定位键 7 后，用 M8 螺钉旋入螺孔中，即能方便地取出挡块。因此螺孔 M8 是装拆零件必不可少的工艺孔。

（5）尺寸分析　机用虎钳装配图中标注的尺寸，包括了前面讲述的五类尺寸，现着重分析其中的配合尺寸。由图 1-89 可知，在主视图中钳口 3 与半螺母相配处为保证其精度和装拆方便采用间隙配合。同理，在左视图中为了保证半螺母 2 与钳体间能运动自如，也采用间隙配合。

经过上述一系列分析，即可想象出机用虎钳的立体形状，如图 1-91 所示。

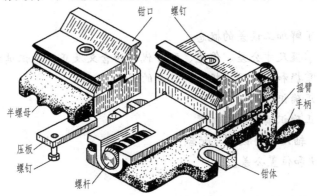

钳口　螺钉
半螺母
压板
螺钉
螺杆
摇臂
手柄
钳体

图 1-91　机用虎钳轴测图

复习思考题

1. 为什么说机械图样是工程语言？为什么必须要按国家标准来画图？
2. 比较国内外的三视图画法有什么不一样？
3. 国家标准规定的视图有哪几种？它们都适用于什么情况？
4. 剖视图和断面图有什么不同？
5. 为什么有些零件图允许使用特征画法？
6. 装配图上应该包括哪些内容？
7. 装配图中有哪些特殊表达方式？
8. 完整的图样上是否必须有三个视图？为什么？

第二章 极限与配合

教学目标 1. 了解加工误差的概念。
2. 掌握尺寸公差、偏差、配合代号的含义及正确的识读方法。
3. 掌握和正确运用极限与配合的规定。
4. 正确识读几何公差。
5. 正确识读表面粗糙度。

教学重点 孔、轴尺寸的极限与配合。

教学难点 形状和位置公差。

《极限与配合》是机械类、机电类学生必修的主要内容，是联系基础课和专业课的纽带。它为零件加工、机器装配及使用提供了重要的技术依据。根据实际情况恰当地选择零件的加工精度和机件间的配合关系，对保证产品的质量和控制加工成本有着不可忽视的意义。正确地选择极限与配合是机器设计中一项很重要的工作，它对产品性能、质量、互换性及经济性都有很大影响。

第一节 概 述

一、互换性

1. 互换性的含义

互换性是现代化生产的一个重要技术经济原则，它普遍用于机械设备和各种家用机电产品的生产中。

互换性是指同一规格的一批零件或部件，不需作任何挑选、调整或辅助加工，就能顺利地进行装配，并能够满足机械产品的使用性能要求的一种特性。例如，车床上的主轴轴承，磨损到一定程度后会影响车床的使用，在这种情况下，换上一个相同代号的新轴承，主轴就能恢复原来的精度而达到满足使用性能的要求。这里轴承作为一个部件而具有互换性。

互换性原则广泛用于机械制造中的产品设计、零件加工、产品装配、机器的使用和维修等各个方面。

零件有了互换性，就可以缩短机器的制造和装配周期，有利于组织专业化协作生产和使用现代化的工艺设备，从而保证产品质量，提高劳动生产率和经济效益，并为机器的维修带来很大的方便。

2. 互换性的种类

根据零件的互换范围不同，互换性可分为完全互换和不完全互换两种。前者要求零、部件在装配时，不需要作任何选择和辅助加工就能满足预定的使用要求；后者则在装配前允许有附加的选择，装配时允许有附加的调整但不允许修配，装配后能满足预期的使用要求。

完全互换性通用性强、装配方便，可减少修理时间和费用，利于专业化生产，所以在机器制造中被广泛采用。当装配精度要求较高，零件加工困难较大时，则可采用不完全互换性。

3. 互换性的意义

在设计方面，由于采用互换性强的标准件和通用件，可以使设计工作简化，缩短设计周期，并便于计算机辅助设计，这对发展系列产品十分重要。

在加工和装配方面，当零件具有互换性时，可以采用分散加工、集中装配。这样有利于组织跨地域的专业化厂际协作生产；有利于使用现代化的工艺设备，并可提高设备的利用率；有利于采用自动线等先进的生产方式；还可以减轻劳动强度，缩短装配周期，从而保证装配质量。

在使用维修方面，互换性有其不可取代的优势。当机器的零件突然损坏或按计划定期更换时，可迅速用相同规格的零件装上，既缩短了维修时间，又能保证维修质量，提高了机器的利用率和延长机器的使用寿命。

互换性生产是随着产品大批量生产的需求而逐步发展完善起来的。随着数控技术和计算机技术的发展，制造业由传统的生产方式向现代化的生产方式转化，在多品种、小批量的生产中，互换性的应用也越来越广泛，对互换性的要求将越来越高。因此，互换性原则是组织现代化生产极为重要的技术经济原则。

二、加工误差和公差

（1）加工误差　零件的尺寸需要经过加工后才能获得，由于在加工过程中会受到各种因素的影响，不可能把零件加工成理论上精确的尺寸。即使是同一个工人，在同一台机器上对同一批规格相同的零件进行加工，也很难得到完全一样的尺寸。所以，零件的实际要素和理论上的绝对准确尺寸存在着差距，两者之差就称为加工误差。加工误差主要分为尺寸误差、形状误差、位置误差和表面粗糙度误差，这些误差的存在都影响零件的互换性。为满足零件的互换性要求，零件的加工误差必须控制在公差范围内才为合格品，反之为不合格品。

（2）公差　公差是指零件的尺寸、几何形状、几何位置关系及表面粗糙度参数值允许变动的范围。公差值的大小已经标准化。零件的精度是由公差来体现的，对于同一尺寸来说，公差值大就是允许的加工误差大，加工容易，零件的制造成本低；公差值小就是允许的加工误差小，精度高，加工困难，零件的制造成本高。所以零件的公差值大小与零件的加工难易程度密切相关，直接影响产品成本的高低。

三、公差标准和标准化

公差标准是一种技术标准。技术标准是规范技术要求的法规，是指为产品和工程的技术质量、规格及其检验方法等方面所作的技术规定，是从事生产建设工作的共同技术依据。

标准的建立必须以科学和实践经验作为依据，在充分协调的基础上，对生产技术活动中的要求，以特定程序、特定形式颁发的统一的规定，在一定的范围内作为共同遵守的技术准则。在生产实践中，还应根据客观情况的变化，不断地修订和完善标准。以上所述的以制定标准和贯彻标准为主要内容的全部活动过程称为标准化。

标准是保证互换性的基础，标准化是实现互换性生产的基础。

第二节　孔、轴尺寸的极限与配合

一、极限与配合术语及定义

1. 孔和轴

在机械制造中，孔和轴的装配形式是最典型的，孔以其内表面包容轴的外表面。在国家标准中，规定了孔和轴的定义。

（1）孔　通常指工件的圆柱形内尺寸要素，也包括非圆柱形内尺寸要素（由二平行平面或切面形成的包容面）。

（2）轴　通常指工件的圆柱形外尺寸要素，也包括非圆柱形外尺寸要素（由二平行平面或切面形成的被包容面）。

由此可见，孔和轴具有广泛的含义，不仅表示通常理解的概念，即圆柱形的内、外表面，而且也包括由二平行平面或切面形成的包容面和被包容面。

如图 2-1 所示的各表面中，由 D_1、D_2、D_3 和 D_4 各尺寸确定的各组平行平面或切面所形成的包容面都可称为孔；由 d_1、d_2、d_3 和 d_4 各尺寸确定的圆柱形外表面和各组平行平面或切面所形成的被包容面称为轴。如果二平行平面或切面既不能形成包容面，也不能形成被包容面，那么它们既不是孔，也不是轴。

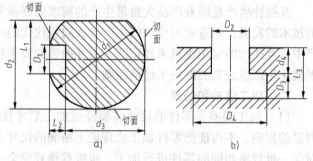

图 2-1　孔和轴

如图 2-1 中由 L_1、L_2 和 L_3 各尺寸确定的各组平行平面或切面。

2. 偏差和公差

（1）尺寸的基本术语和定义

1）尺寸。以特定单位表示线性尺寸值的数值称为尺寸。例如在零件图样上标注的 $\phi 20\text{mm}$，两轴线距离为 40mm，圆弧半径为 0.5mm 等都是尺寸。国家标准规定，如果在机械图样上标注的尺寸都以 mm 为单位，标注时可将单位省略。

2）公称尺寸。由图样规范确定的理想形状要素尺寸。

公称尺寸是在设计中根据强度、刚度、运动结构、工艺、造型等不同要求来确定，并按标准尺寸调整，使其标准化。它有利于简化刀具、量具和型材的规格。公称尺寸表示尺寸的基本大小，而不是实际加工要求的尺寸。

3）实际要素。通过测量获得的某一孔、轴的尺寸。在生产加工过程中，由于被测形状误差的存在，测量器具与被测零件接触状态的不同，其测量误差不可避免地存在，因此，实际要素并非是被测尺寸的真值。通常所说的实际要素均指局部实际要素。

4）极限尺寸。尺寸要素允许的两个极端，如图 2-2 所示。

极限尺寸是设计时根据零件的使用要求和加工性能，以公称尺寸为基数确定其尺寸的变动范围的。它表示零件加工后的实际要素在其范围内就是合格的，实际要素应位于其中，也可达到极限尺寸。

（2）偏差与公差的基本术语

1）零线。在极限与配合图解中，表示公称尺寸的一条直线，以其为基准确定偏差和公差，如图 2-2 所示。

通常，零线沿水平方向绘制，正偏差位于其上，负偏差位于其下，如图 2-3 所示。

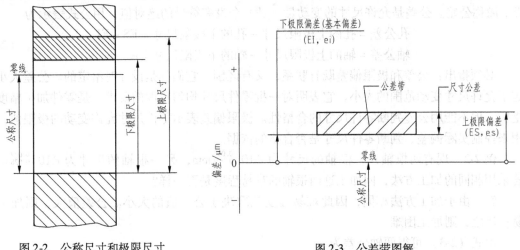

图 2-2　公称尺寸和极限尺寸　　　　　　图 2-3　公差带图解

2）偏差。某一尺寸（实际要素、极限尺寸等）减其公称尺寸所得的代数差。偏差又可以分为极限偏差和实际偏差。

极限尺寸减其公称尺寸所得的代数差为极限偏差。由于极限尺寸有两个极端值，所以国家标准把上极限偏差和下极限偏差统称为极限偏差，见图 2-3。上极限尺寸减其公称尺寸所得的代数差称为上极限偏差。孔的上极限偏差代号用大写字母 ES 表示；轴的上极限偏差代号用小写字母 es 表示，用公式表示为

$$ES = 孔的上极限尺寸 - 公称尺寸$$
$$es = 轴的上极限尺寸 - 公称尺寸$$

(2-1)

下极限尺寸减其公称尺寸所得的代数差称为下极限偏差。孔的下极限偏差代号用大写字母 EI 表示；轴的下极限偏差代号用小写字母 ei 表示，用公式表示为

$$EI = 孔的下极限尺寸 - 公称尺寸$$
$$ei = 轴的下极限尺寸 - 公称尺寸$$

(2-2)

偏差可以为正、负或零。当零件的极限尺寸大于公称尺寸时为正偏差；小于公称尺寸时为负偏差；等于公称尺寸时为零偏差。

实际要素减其公称尺寸所得的代数差为实际偏差。合格零件尺寸的实际偏差应限制在极限偏差范围之内。

例 2-1　已知某轴的公称尺寸为 φ25mm，它的上极限偏差为 - 0.020mm，下极限偏差为 - 0.041mm。加工后测得实际要素为 φ24.970mm，试求该轴的上极限尺寸和下极限尺寸，并判断该实际要素是否合格。

解　由式（2-1）得　上极限尺寸 = 公称尺寸 + es = 25mm + (- 0.020)mm = 24.98mm

由式（2-2）得　下极限尺寸 = 公称尺寸 + ei = 25mm + (- 0.041)mm = 24.959mm

因为该轴实际要素为 24.970mm，位于上极限尺寸和下极限尺寸之间，所以该零件尺寸

合格。

由以上计算可知，在运用偏差值进行计算时，一定要把上、下极限偏差的"＋"、"－"号代入算式中进行运算。

3）尺寸公差。上极限尺寸减下极限尺寸之差，或上极限偏差减下极限偏差称为尺寸公差，简称公差。公差是允许尺寸的变动量，是一个没有符号的绝对值，用公式表示为

$$孔公差 = 孔的上极限尺寸 - 孔的下极限尺寸 = ES - EI$$
$$轴公差 = 轴的上极限尺寸 - 轴的下极限尺寸 = es - ei$$

(2-3)

必须指出：公差和极限偏差既有联系，又有区别。它们都是设计时给定的。公差大小决定了允许尺寸变动范围的大小，它表明对一批零件尺寸均匀程度的要求，是零件加工精度的指标，但不能用公差判断零件尺寸的合格性。极限偏差表示零件尺寸允许变动的极限值，是用来控制实际偏差、判断零件尺寸是否合格的依据。

例 2-2　现有两根轴，一根轴的尺寸为 $\phi 10^{+0.028}_{+0.019}$ mm，另一根轴的尺寸为 $\phi 10^{+0.037}_{+0.028}$ mm。若采用相同的加工方法，问加工这两根轴的难易程度是否一样？

解　由于加工方法相同，因此难易程度就取决于公差值的大小。公差值大，则加工容易；反之，则加工困难。

由式（2-3）可得两轴公差为

$$es - ei = (+0.028) - (+0.019) = 0.009 \text{mm}$$
$$es - ei = (+0.037) - (+0.028) = 0.009 \text{mm}$$

两根轴的公差值均为 0.009mm，公称尺寸又相同，而且采用同一种加工方法，因此，控制这两根轴的加工尺寸、难易程度是一样的。

由于零件图上采用公称尺寸与上、下极限偏差的标注形式，使用上、下极限偏差来计算它们之间的相互关系比用极限尺寸更为简便，应用也更广泛。

4）公差带。在公差带图解中，由代表上极限偏差和下极限偏差或上极限尺寸和下极限尺寸的两条直线所限定的一个区域。它是由公差大小与其相对零线的位置（基本偏差）来确定的，见图 2-3。

从图 2-3 中可见，公差带包括"公差带大小"和"公差带位置"两个参数。公差带大小取决于公差数值的大小，公差带相对于零线的位置取决于极限偏差的大小。在极限与配合制中，确定公差带相对零线位置的那个极限偏差称为基本偏差。它可以是上极限偏差或下极限偏差，一般为靠近零线的那个极限偏差，如图 2-3 中下极限偏差为基本偏差。大小相同而位置不同的公差带，它们对零件的精度要求相同，而对零件尺寸大小要求不同。只有既给定公差值，又同时给定一个极限偏差，才能完整地确定一个具体的公差带，来表达对零件尺寸的设计要求。

3. 配合

（1）配合的概念　配合是指公称尺寸相同的并且相互结合的孔和轴公带之间的关系。按照各自的公差带进行加工，由于孔和轴的公差带都是按一定的使用要求给定的，只要其实际要素都在公差带所限制的范围内，这对孔和轴装配到一起后，就能达到预期的设计要求。

由于机器上各种孔和轴结合部位的使用要求不同，对孔和轴装配后的松紧要求也不同，反映在装配后具有不同的配合性质。

（2）间隙和过盈　孔的尺寸减去相配合的轴的尺寸之差为正，称为间隙，如图 2-4 所

示。孔的尺寸减去相配合的轴的尺寸之差为负,称为过盈,如图 2-5 所示。

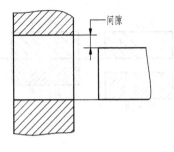

图 2-4　间隙

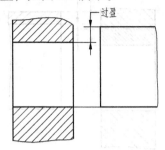

图 2-5　过盈

设计时给定了相互配合的孔和轴的极限尺寸(或极限偏差)以后,也就相应地确定了间隙或过盈允许变动的界限,亦称为极限间隙或极限过盈。

极限间隙有最小间隙和最大间隙。

在间隙配合中,孔的下极限尺寸减轴的上极限尺寸之差称为最小间隙,见图 2-6。

在间隙配合或过渡配合中,孔的上极限尺寸减轴的下极限尺寸之差称为最大间隙,见图 2-6 和图 2-7。

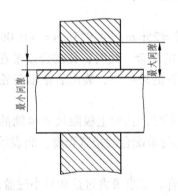

图 2-6　间隙配合

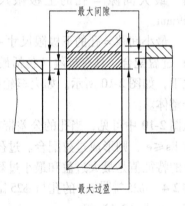

图 2-7　过渡配合

极限过盈有最小过盈和最大过盈。

在过盈配合中,孔的上极限尺寸减轴的下极限尺寸之差称为最小过盈,见图 2-8。

在过盈配合或过渡配合中,孔的下极限尺寸减轴的上极限尺寸之差称为最大过盈,见图 2-7 和图 2-8。

用公式表示它们与相配合孔和轴的极限偏差的关系为

$$
\begin{aligned}
&最大间隙(最小过盈)=孔的上极限尺寸-轴的下极限尺寸(或\ ES-ei)\\
&最小间隙(最大过盈)=孔的下极限尺寸-轴的上极限尺寸(或\ EI-es)
\end{aligned}
\tag{2-4}
$$

(3) 配合的种类　根据相互配合的孔和轴公差带的相互位置关系,可以把配合分成三类:

1) 间隙配合。具有间隙(包括最小间隙等于零)的配合。此时,孔的公差带在轴的公差带之上,如图 2-9 所示。孔的尺寸总是大于轴的尺寸,产生间隙,使轴能在孔内自由转动或滑动(如轴在轴瓦内转动)。

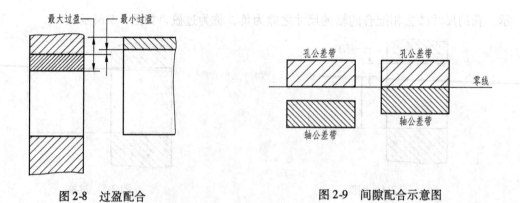

图 2-8　过盈配合　　　　　　　　　　　图 2-9　间隙配合示意图

从图 2-9 中可见，当孔的公差带在轴的公差带之上时，孔的下极限尺寸≥轴的上极限尺寸或 EI≥es，则形成间隙配合。间隙的大小决定着孔与轴配合的松紧程度，而表示松紧程度要求的特征值是最大间隙和最小间隙。在生产加工中，出现极限间隙的机会不多，经常用平均间隙来表现配合性质。

例 2-3　$\phi25^{+0.052}_{0}$ mm 的孔与 $\phi25^{-0.065}_{-0.117}$ mm 的轴相配合，试求它们的最大间隙和最小间隙。

解　最大间隙 = 孔的上极限尺寸 - 轴的下极限尺寸 = 25.052mm - 24.883mm = +0.169mm

最小间隙 = 孔的下极限尺寸 - 轴的上极限尺寸 = 25mm - 24.935mm = +0.065mm

2) 过盈配合。具有过盈（包括最小过盈等于零）的配合。此时，孔的公差带在轴的公差带之下，如图 2-10 所示。如火车轮孔的内径小于车轴的外径时，装配后车轴与轮就构成了一个整体。

从图 2-10 中可见，当孔的公差带在轴的公差带之下时，孔的上极限尺寸≤轴的下极限尺寸或 Es≤ei，则形成过盈配合。过盈的大小决定了孔与轴配合的松紧程度，而表示松紧程度要求的特征值是最大过盈和最小过盈。

例 2-4　$\phi25^{+0.021}_{0}$ mm 的孔与 $\phi25^{+0.061}_{+0.048}$ mm 的轴相配合，试求最大过盈和最小过盈。

解　由式（2-4）得

最大过盈 = EI - es = 0mm - 0.061mm = -0.061mm

最小过盈 = ES - ei = 0.021mm - 0.048mm = -0.027mm

很显然，用极限偏差计算比用极限尺寸计算更简便。

3) 过渡配合。可能具有间隙或过盈的配合称为过渡配合。此时，孔的公差带与轴的公差带相互交叠，如图 2-11 所示。图中列出可能发生的三种不同的孔、轴公差带交叠形式。

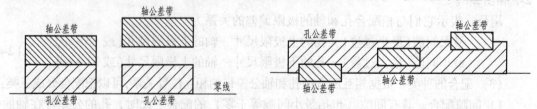

图 2-10　过盈配合示意图　　　　　　　　图 2-11　过渡配合示意图

从图 2-11 中可见，当孔的公差带与轴的公差带相互交叠时，孔的上极限尺寸 > 轴的下极限尺寸，且孔的下极限尺寸 < 轴的上极限尺寸，即 ES > ei，且 EI < es，则形成过渡配合。表示过渡配合松紧程度要求的特征值是最大间隙和最大过盈。

例 2-5 $\phi25^{+0.021}_{\ 0}$mm 的孔与 $\phi25^{+0.028}_{+0.015}$mm 的轴相配合，试求最大间隙和最大过盈。

解 根据式（2-4）

$$最大间隙 = ES - ei = 0.021mm - 0.015mm = +0.006mm$$
$$最大过盈：EI - es = 0mm - 0.028mm = -0.028mm$$

4）配合公差。组成配合的孔和轴的公差之和称为配合公差，它是允许间隙或过盈的变动量。

上述三种配合是由国标规定的。由这三种配合种类可以看出，孔、轴公差带的大小，可以控制着各自的实际要素变动范围，而孔、轴公差带相对于零线位置的不同，则决定了配合性质的不同。当孔、轴公差带的相对位置确定之后，孔、轴之间的间隙或过盈大小，总是被控制在孔、轴的公差范围之内。

配合公差表明装配后的精度。对于某一具体的配合，其配合公差越大，配合时形成的间隙或过盈可能出现的差别越大，也就是配合后产生的松紧差别程度也越大，即配合的精度越低。反之，配合公差越小，则配合的精度越高。配合精度越高，孔和轴加工越困难，加工成本就越高。反之，加工越容易，加工成本相对降低。

二、标准公差与基本偏差

在《极限与配合》中指出：公差带是由大小和位置两个要素构成的，其中大小要素是由标准公差来确定的；而位置要素是由基本偏差来确定的。所以说对公差带的标准化，就是对"标准公差系列"和"基本偏差系列"的标准化。

1. 标准公差系列

标准公差是国家标准规定的极限与配合制中所规定的任一公差，用符号"IT"表示，用以确定所需的公差带大小。其目的在于将公差带的大小加以标准化，而公差带的大小反映了尺寸的精确程度，所以设置标准公差也就是将尺寸的精确程度加以标准化。

表 2-1 列出了国家标准（摘自 GB/T1800.1—2009）规定的公称尺寸至 500mm 的标准公差数值。由表 2-1 可见，标准公差数值与公称尺寸分段和标准公差等级有关。公称尺寸分段可查阅国家标准（GB/T1800.1—2009）。而标准公差等级是指同一公差等级对所有公称尺寸的一组公差，被认为具有同等精确程度。标准公差等级代号用标准公差符号和等级数字组成，例如：IT6。

表 2-1　公称尺寸至 500mm 的标准公差数值

公称尺寸 /mm		标准公差等级																		
大于	至	IT01	IT0	IT1	IT2	IT3	IT4	IT5	IT6	IT7	IT8	IT9	IT10	IT11	IT12	IT13	IT14	IT15	IT16	IT17	IT18
		μm																		
—	3	0.3	0.5	0.8	1.2	2	3	4	6	10	14	25	40	60	0.01	0.14	0.25	0.40	0.60	1.0	1.4
3	6	0.4	0.6	1	1.5	2.5	4	5	8	12	18	30	48	75	0.12	0.18	0.30	0.48	0.75	1.2	1.8
6	10	0.4	0.6	1	1.5	2.5	4	6	9	15	22	36	58	90	0.15	0.22	0.36	0.58	0.99	1.5	2.2
10	18	0.5	0.8	1.2	2	3	5	8	11	18	27	43	70	110	0.18	0.27	0.43	0.70	1.10	1.8	2.7

（续）

公称尺寸/mm		标准公差等级																			
大于	至	IT01	IT0	IT1	IT2	IT3	IT4	IT5	IT6	IT7	IT8	IT9	IT10	IT11	IT12	IT13	IT14	IT15	IT16	IT17	IT18
		μm																			
18	30	0.6	1	1.5	2.5	4	6	9	13	21	33	52	84	130	0.21	0.33	0.52	0.84	1.20	2.1	3.3
30	50	0.6	1	1.5	2.5	4	7	11	16	25	39	62	100	160	0.25	0.39	0.62	1.00	1.60	2.5	3.9
50	80	0.8	1.2	2	3	5	8	13	19	30	46	74	120	190	0.30	0.46	0.74	1.20	1.90	3.0	4.6
80	120	1	1.5	2.5	4	6	10	15	22	35	54	87	140	220	0.35	0.54	0.87	1.40	2.20	3.5	5.4
120	180	1.2	2	3.5	5	8	12	18	25	40	63	100	160	250	0.40	0.63	1.00	1.60	2.50	4.0	6.3
180	250	2	3	4.5	7	10	14	20	29	46	72	115	185	290	0.46	0.72	1.15	1.85	2.90	4.6	7.2
250	315	2.5	4	6	8	12	16	23	32	52	81	130	210	320	0.52	0.81	1.30	2.10	3.20	5.2	8.1
315	400	3	5	7	9	13	18	25	36	57	89	140	230	360	0.57	0.89	1.40	2.30	3.60	5.7	8.9
400	500	4	6	8	10	15	20	27	40	63	97	155	250	400	0.63	0.97	1.55	2.50	4.00	6.3	9.7

注：1. 公称尺寸大于500mm的IT1至IT5的标准公差数值为试行的。

2. 公称尺寸小于或等于1mm时，无IT14至IT18。

按照标准公差数值增大的顺序，在公称尺寸至500mm内规定了IT01、IT0、IT1、……、IT18共20个标准公差等级；在公称尺寸大于500～3150mm内规定了IT1至IT18共18个标准公差等级。从IT01至IT18等级依次降低，而相应的标准公差数值依次增大。

标准公差等级IT01和IT0在工业中很少用到，所以在标准的正文中没有给出这两个公差等级的标准公差数值。

标准规定和划分公差等级的目的，是为了简化和统一对公差的要求。

同一公差等级（如IT8）对所有公称尺寸的一组公差被认为具有同等精确程度。

如表2-1中，公称尺寸在大于30～50mm尺寸段时，IT8的标准公差数值是39μm；而公称尺寸在大于400～500mm尺寸段时，IT8的标准公差数值是97μm。虽然这两个不同尺寸段的标准公差数值不同，但它们的公差等级相同（都是8级），则认为它们在使用和制造上具有同等的精确程度。

GB/T 1800.1—2009的标准公差数值由标准公差因子、公差等级系数和公称尺寸分段确定的，是按一定的公式计算得来的。实际工作中标准公差数值应根据公称尺寸分段和设计要求的标准公差等级直接由表2-1查得，不需计算。

2. 基本偏差系列

基本偏差在极限制国家标准中是用以确定公差带相对零线位置的极限偏差（上极限偏差或下极限偏差），一般为靠近零线的那个极限偏差。在基本偏差系列示意图（图2-12）中，仅画出了公差带一端的界限，而另一端的界限未画出（开口的），它将取决于公差带的标准公差等级和这个基本偏差的组合。

对所有公差带，当位于零线上方时，基本偏差为下极限偏差 EI（对孔）或 ei（对轴）；当位于零线下方时基本偏差为上极限偏差 ES（对孔）或 es（对轴）。除J、j与某些高的公差等级形成的公差带以外，基本偏差都是靠近零线的，或绝对值较小的那个极限偏差。JS、js形成的公差带，在各个公差等级中完全对称于零线的两侧，故基本偏差可为上极限偏差亦可为下极限偏差。

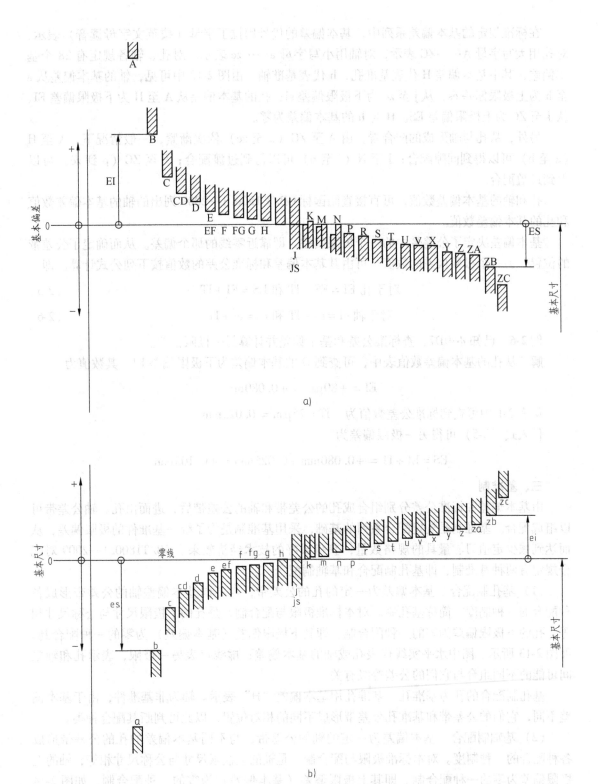

图 2-12　孔、轴基本偏差系列

在标准规定的基本偏差系列中，基本偏差的代号用拉丁字母（按英文字母读音）表示，对孔用大写字母 A……ZC 表示，对轴用小写字母 a……zc 表示。对孔、轴各规定有 28 个基本偏差，其中基本偏差 H 代表基准孔，h 代表基准轴。由图 2-12 中可见，轴的基本偏差从 a 至 h 为上极限偏差 es，从 j 至 zc 为下极限偏差 ei；孔的基本偏差从 A 至 H 为下极限偏差 EI，从 J 至 ZC 为上极限偏差 ES。H 与 h 的基本偏差为零。

另外，从孔与轴形成的配合看，由 A 至 ZC（a 至 zc）依次渐紧，一般情况下，A 至 H（a 至 h）可以得到间隙配合；J 至 N（j 至 n）可以得到过渡配合；P 至 ZC（p 到 zc）可以得到过盈配合。

孔和轴的基本偏差数值，可直接查阅国标 GB/T 1800.1—2009 列出的轴的基本偏差数值和孔的基本偏差数值。

基本偏差决定了公差带中的一个极限偏差，即靠近零线的那个偏差。从而确定了公差带的位置，另一个极限偏差的数值，可由其基本偏差和标准公差的数值按下列公式计算。即

$$\text{对于孔 } EI = ES - IT \text{ 和 } ES = EI + IT \tag{2-5}$$

$$\text{对于轴 } ei = es - IT \text{ 和 } es = ei + IT \tag{2-6}$$

例 2-6 已知 $\phi40D7$，查标准公差和基本偏差并计算另一极限偏差。

解 从孔的基本偏差数值表中，可查到 D 的基本偏差为下极限偏差 EI，其数值为

$$EI = +80\mu m = +0.080mm$$

从表 2-1 中可查到标准公差数值为 $IT = 25\mu m = 0.025mm$

代入式（2-5）可得另一极限偏差为

$$ES = EI + IT = +0.080mm + 0.025mm = +0.105mm$$

三、基准制

由基本偏差和标准公差分别组合成孔的公差带和轴的公差带后，进而由孔、轴公差带可以组成配合。基准制是规定配合系列的基础，采用基准制是为了统一基准件的极限偏差，从而达到减少定值刀、量具的规格数量，获得最好的技术经济效果。GB/T1800.1—2009 对配合规定有两种基准制，即基孔制配合和基轴制配合。

（1）基孔制配合　基本偏差为一定的孔的公差带，与不同基本偏差轴的公差带形成各种配合的一种制度，简称基孔制。对本标准极限与配合制，是孔的下极限尺寸与公称尺寸相等，孔的下极限偏差为零的一种配合制。即其下极限偏差（基本偏差）为零的一种配合制。如图 2-13 所示。图中水平实线代表孔或轴的基本偏差；虚线代表另一极限，表示孔和轴之间可能的不同组合与它们的公差等级有关。

基孔制配合的孔为基准孔，基准孔用基本偏差"H"表示。轴为非基准件，由于基本偏差不同，它们的公差带和基准孔公差带形成不同的相对位置，以此可判断其配合种类。

（2）基轴制配合　基本偏差为一定的轴的公差带，与不同基本偏差的孔的公差带形成各种配合的一种制度。对本标准极限与配合制，是轴的上极限尺寸与公称尺寸相等，轴的上极限偏差为零的一种配合制。即其上极限偏差（基本偏差）为零的一种配合制，如图 2-14 所示。

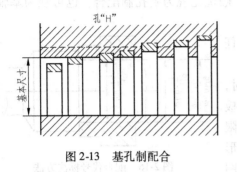

图 2-13　基孔制配合

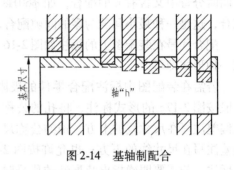

图 2-14　基轴制配合

基轴制配合的轴为基准轴，基准轴用基本偏差"h"表示。孔为非基准件，随着基准轴与相配合孔的公差带相互位置的不同，可以形成不同种类的配合。

基准孔和基准轴可统称为基准件。

四、极限与配合代号的识别及应用

识别极限与配合代号的含义是识别图样、技术文件和技术要求的必备知识。为了控制尺寸、保证配合性质及加工质量，在标注尺寸的后面标注公差或配合代号，如 $\phi 10h7$、$\phi 20H8$、$\phi 35H6$、$\phi 30H7/f6$、$\phi 40M7/h6$ 等。

（1）公差代号的识别　国标规定孔、轴公差带代号用基本偏差代号与公差等级代号组成，如：H8、F8、K7、P7 等为孔的公差带代号；h7、f7、K6、P6 等为轴的公差带代号。孔、轴公差带代号的识别主要是识别公差带代号是代表孔还是代表轴；是属于什么性质配合的孔或轴，在图样上标注时，采用图 2-15 所示的示例之一。

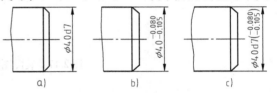

图 2-15　公差带的标注

（2）配合代号的识别　孔、轴配合公差带代号识读的主要内容是相互配合的孔和轴公差带的位置关系。国标规定用相同的公称尺寸后跟孔、轴的公差带的组合表示配合代号。将相配合的孔、轴的公差带代号写成分数形式，分子为孔公差代号，分母为轴公差代号，例如 $\phi 45 \dfrac{H8}{f7}$ 或 $\phi 45H8/f7$。

配合系列可以通过基孔制配合和基轴制配合来实现。基准制的选择，主要是从经济成本考虑，同时兼顾到功能、结构、工艺条件和其他方面的要求。在一般情况下，为了大大减少孔的极限尺寸的种类，从而减少定尺寸的孔用工具的规格和数量，降低生产成本，提高加工的经济性，应优先选用基孔制配合。基孔制配合是由基准孔公差带（基本偏差 H）与任一轴公差带组成的配合，例如，$\phi 25H9/d9$、$\phi 70H7/u6$、$\phi 200H7/m6$；但在有些情况下，由于结构或原材料等原因，选用基轴制配合更好些。基轴制一般用于：由冷拉棒材制造的零件，其配合表面不经切削加工的情况；同一根轴上（公称尺寸相同）与几个孔配合，且有不同配合性质的情况；采用按基轴制生产的标准零部件等情况。基轴制配合是由基准轴公差带（基本偏差 h）与任一孔公差带组成的配合，例如，$\phi 50D9/h9$、$\phi 100V7/h6$、$\phi 125M7/h6$。可见，分子中含有 H 的均为基孔制配合；分母中含有 h 的均为基轴制配合。对分子中含有

H 同时分母中又含有 h 的配合，如 φ60H8/h7，一般优先视为基孔制配合，也可视为基轴制配合，这是一种最小间隙为零的间隙配合。

配合代号在装配图上的标注如图 2-16 所示，任取一种形式即可。

若需在装配图中标注配合零件的极限偏差时，一般按图 2-17a 的形式标注，将孔的公称尺寸和极限偏差注写在尺寸线的上方，轴的公称尺寸和极限偏差注写在尺寸线的下方；也允许按图 2-17b 的形式标注。若需要明确指出装配件的代号时，可按图 2-17c 的形式标注。

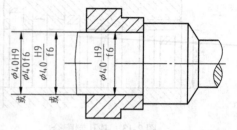

图 2-16　配合代号标注方法

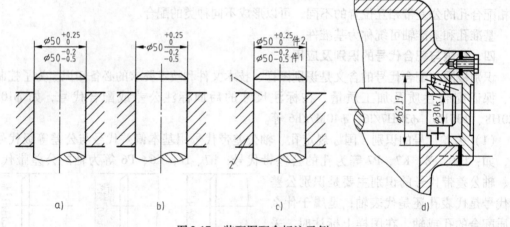

图 2-17　装配图配合标注示例

在装配图中，当标准件和外购件与零件配合时，由于标准件和外购件的公差已由有关标准或生产厂家所规定，如滚动轴承、平键等，为了简便明确，可仅标注其相配零件的公差带代号，不必标注标准件或外购件的公差带，如图 2-17d 所示。

图 2-18 所示是钻模上的快换钻套，其中，衬套是钻模的重要配合部位，有较严的定位要求，配合精度要求高，工作时不要求与相配件有相对运动。快换钻套是引导旋转着的钻头进给的，需要经常更换，它的外径和衬套的配合，既有准确定心的要求，又需要一定的间隙保证更换迅速；它的内径既要保证一定的导向精度，又要防止间隙过小而卡住。由于钻头视为标准件，其本身的直径公差带相当于基准轴，所以快换钻套的公差配合代号 φ10F7 的意义为：公称尺寸为 10mm 的基轴制的孔，基本偏差代号是 F，标准公差为 7 级。

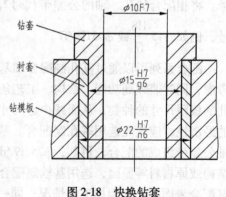

图 2-18　快换钻套

φ15H7/g6 表示：公称尺寸为 15mm，标准公差为 7 级的基准孔与基本偏差为 g，标准公差为 6 级的轴的间隙配合。

$\phi22H7/n6$ 表示：公称尺寸为 22mm，标准公差为 7 级的基准孔与标准公差为 6 级的轴的过渡配合。由此可见，对于公差带代号的识读，主要是识读出其公称尺寸的大小、是孔还是轴、属于什么基准制、基本偏差代号是什么、标准公差为哪级即可。对于配合代号的识读，主要是分别识读出孔、轴的公差带代号及配合类型即可。

识读出配合代号的基本含义，就可查阅孔、轴的极限偏差表，得到具体的上、下极限偏差值，即可进行加工。

第三节 几 何 公 差

几何公差与尺寸公差一样，是衡量产品质量的重要技术指标之一。零件的几何误差对产品的工作精度、密封性、运动平稳性、耐磨性和使用寿命等都有很大的影响。特别是对那些经常处于高速、高温、高压及重载条件下工作的零件更为重要。为此，加工生产零件仅仅控制尺寸误差是不能满足产品精度和互换性要求的，还必须控制零件的形状误差和零件的表面相互位置的误差。

如图 2-19 所示，一对孔和轴组成间隙配合。尽管轴加工后的实际要素都控制在标注尺寸公差范围内，但是由于形状误差的影响，轴与孔无法进行装配。而图 2-20 所

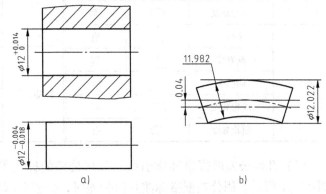

图 2-19 轴、孔配合的形状误差
a）图样标注 b）实际尺寸和形状误差

示为台阶轴加工后的实际要素和形状，尺寸是合格的，但由于实际要素为 $\phi29.916$mm 和 $\phi14.982$mm 两段轴的轴线不处于同一直线上，即存在着位置误差，因而台阶轴无法装配到合格的台阶孔中。

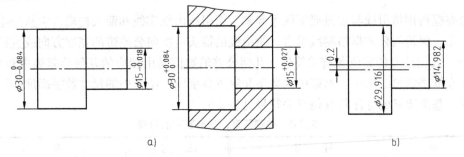

图 2-20 台阶轴的位置误差
a）图样标注 b）实际尺寸和位置误差

为了控制形状和位置误差，国家制定了《几何公差》标准，以便在零件的设计、加工和检测等过程中对几何公差有统一的标准。国标中规定，几何公差采用框格和符号表示法标注。几何公差现已成为国际和国内制造业技术交流的"语言"，因此要求设计和生产人员都应具备使用和识读几何公差的能力。

一、几何公差的符号

（1）几何公差特征项目符号　国标规定（GB/T 1182—2008）几何公差特征项目符号类型共有四种，见表 2-2。

表 2-2　几何特征符号

公差类型	几何特征	符　号	有无基准	公差类型	几何特征	符　号	有无基准
形状公差	直线度	—	无	位置公差	位置度	⊕	有或无
	平面度	▱	无		同心度 （用于中心点）	◎	有
	圆度	○	无		同轴度 （用于轴线）	◎	有
	圆柱度	⌀	无		对称度	═	有
	线轮廓度	⌒	无		线轮廓度	⌒	有
	面轮廓度	⌓	无		面轮廓度	⌓	有
方向公差	平行度	∥	有	跳动公差	圆跳动	↗	有
	垂直度	⊥	有				
	倾斜度	∠	有		全跳动	↗↗	有
	线轮廓度	⌒	有				
	面轮廓度	⌓	有				

（2）几何公差的框格和指引线　几何公差的标注采用框格形式，框格用细实线绘制，如图 2-21 所示。用公差框格标注几何公差时，公差要求注写在划分成两格或多格的矩形框格内，各格自左至右顺序标注以下内容（图 2-21）。

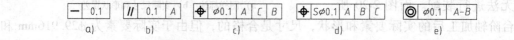

图 2-21　公差框格

公差框格用指引线与被测要素联系起来。指引线由细实线和箭头构成，它从公差框格的一端引出，保持与公差框格端线垂直，指引线的箭头应指向公差带的宽度方向或直径。

（3）几何公差的数值和有关符号　几何公差的数值是由相应的几何公差表中查出来的，并标注在框格的第二格中。框格中的数字和字母高度应与图样中的尺寸数字高度相同。其被测要素、基准要素的标注及其他有关符号见表 2-3。

表 2-3　被测要素、基准要素的符号

说　明	符　号	说　明	符　号
被测要素		理论正确尺寸	50
		延伸公差带	ⓟ
		最大实体要求	Ⓜ
基准要素	A	最小实体要求	Ⓛ
	A	自由状态条件	Ⓕ
		包容要求	Ⓔ

（4）基准符号 对于有几何公差及位置公差要求的零件被测要素，在图样上必须标明基准要素，基准要素用基准符号表示。

与被测要素相关的基准用一个大写字母表示。字母标注在基准方格内，与一个涂黑的或空白的三角形相连以表示基准（图2-22），表示基准的字母还应标注在公差框格内。涂黑的和空白的基准三角形含义相同。

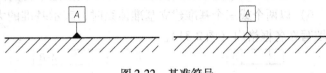

图2-22 基准符号

带基准字母的基准三角形应按如下规定放置：

1）当基准要素是轮廓线或轮廓面时，基准三角形放置在要素的轮廓线或其延长线上（与尺寸线明显错开，见图2-23）；基准三角形也可放置在该轮廓面引出线的水平线上（图2-24）。

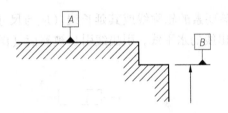

图2-23 基准三角形放置在
要素的轮廓线或其延长线上

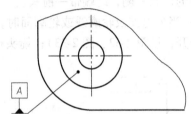

图2-24 基准三角形放置在
轮廓面引出线的水平线上

2）当基准是尺寸要素确定的轴线、中心平面或中心线时，基准三角形应放置在该尺寸线的延线上（图2-25、图2-26、图2-27）。如果没有足够的位置标注基准要素尺寸的两个尺寸箭头，则其中一个箭头可用基准三角形代替（图2-26和图2-27）。

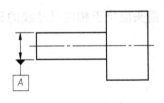

图2-25 基准是尺寸
要素确定的轴线

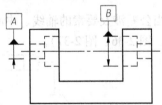

图2-26 基准是尺寸要
素确定的中心平面（一）

3）如果只以要素的某一局部作基准,则应用粗点画线示出该部分并加注尺寸(图2-28)。

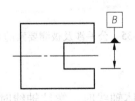

图2-27 基准是尺寸要素确定的中心平面（二）

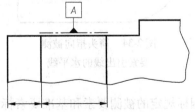

图2-28 以要素的某一局部作基准

4）以单个要素作为基准时，用一个大写字母表示（图2-29）。

5）以两个要素建立公共基准时，用中间加连字符的两个大写字母表示（图2-30）。

6）以两个或三个基准建立基准体系时，表示基准的大写字母按基准的优先顺序自左至右填写在各框格内（图2-31）。

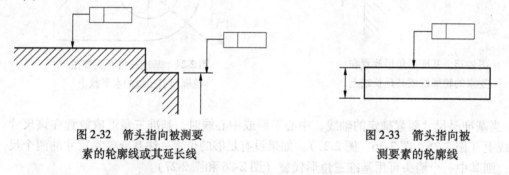

图2-29　以单个
要素作为基准 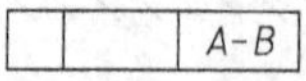　　　　图2-30　以两个要素建立
　　　　　　　　　　的公共基准为基准 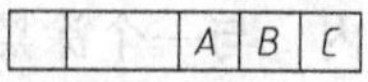　　　　图2-31　以三个基
　　　　　　　　　　　　　　　　　　　　　准建立基准体系

二、几何公差的标注方法

（1）被测要素的标注　按下列方式之一用指引线连接被测要素和公差框格。指引线引自框格的任意一侧，终端带一箭头。

1）当公差涉及轮廓线或轮廓面时，箭头指向该要素的轮廓线或其延长线（应与尺寸线明显错开，见图2-32、图2-33）；箭头也可指向引出线的水平线，引出线引自被测面（图2-34）。

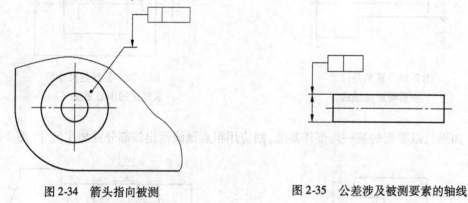

图2-32　箭头指向被测要
素的轮廓线或其延长线　　　　图2-33　箭头指向被
测要素的轮廓线

2）当公差涉及要素的轴线、中心平面或中心线时，箭头应位于相应尺寸线的延长线上（图2-35、图2-36、图2-37）。

图2-34　箭头指向被测
要素引出线的水平线　　　　图2-35　公差涉及被测要素的轴线

国标规定的被测要素和基准要素标注方法还有为圆锥体轴线时、螺纹轴线时等，同时，还有几何公差的简化标注方法，在这里就不一一叙述，详细可查 GB/T 1182—2008《几何公差形状、方向、位置和跳动公差标注》即可。

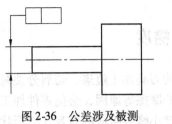

图 2-36 公差涉及被测
要素的中心平面（一）

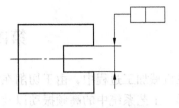

图 2-37 公差涉及被测
要素的中心平面（二）

（2）几何公差数值的标注 几何公差数值是形位误差最大允许值，其数值都是以毫米为单位填写在公差框格第二格内，其数值是指线性值，是由公差带定义所决定的。给出的公差值，一般是指被测要素全长或全面积，如果仅指被测要素某一部分，则要在图样上用粗点画线表示出来要求的范围，如图 2-38 所示。

如果几何公差是指被测要素任意长度（或范围），可在公差值框格里填写相应的数值。图 2-38a 表示在任意 200mm 长度内，直线度公差为 0.02mm；图 2-38b 表示被测要素全长的直线度为 0.05mm，而在任意 200mm 长度内直线度公差为 0.02mm；图 2-38c 表示在被测要素上任意一个边长为 100mm 的正方形区域内，平面度公差为 0.05mm。

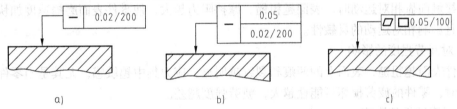

图 2-38 几何公差数值的标注

（3）几何公差有关附加符号的标注 如果对几何公差有附加要求时，应在相关的公差数值后加注有关符号，见表 2-4。

表 2-4 几何公差附加符号含义及其标注方法

含　义	符　号	举　例	含　义	符　号	举　例
只许中间向材料内凹下	(−)	⎯ $t(−)$	只许从左至右减小	(▷)	⌀ $t(▷)$
只许中间向材料外凸起	(+)	⬜ $t(+)$	只许从右至左减小	(◁)	⌀ $t(◁)$

三、几何公差标注示例的识读

学习几何公差的目的就是掌握零件图样上几何公差符号的含义，了解技术要求，保证产品质量。在识读几何公差标注符号时，应首先从标注中确定被测要素、基准要素、公差要素、公差项目、公差值、公差带的要求和有关文字说明等。

识读图 2-39 所示推力轴承的轴盘的几何公差。

1）⬜ 0.01 表示上平面和下平面的平面度为 0.01mm。

2）∥ 0.02 A 表示上平面的平行度为 0.02mm，属于任选基准。

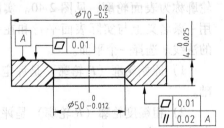

图 2-39 推力轴承的轴盘

第四节　表面粗糙度

在机械加工过程中，由于切削在零件表面上留下的刀具加工痕迹、切屑分裂时的材料塑性变形、工艺系统中的高频振动以及刀具和零件表面的摩擦等原因，会使零件加工表面产生微小的峰谷。这些零件加工表面上具有的较小间距的微小峰谷组成的微观几何形状特性称为表面粗糙度。

表面粗糙度对机器零件的使用性能和寿命均有很大的影响，特别对运转速度快、装配精度高、密封性要求严的零件影响更大。

1. 对配合性质的影响

表面粗糙度影响配合性质的稳定性。对于间隙配合，由于表面的凸凹不平，使两接触表面一些凸峰相接触。当接触表面相对运动时，接触面会很快磨损，使配合间隙迅速增大，过早地失去配合精度。对于过盈配合，则因装配表面的峰顶被挤平，使有效实际过盈量减少，从而降低了配合连接的可靠性，不能保证正常的工作。

2. 对摩擦和磨损的影响

两接触面做相对运动时，表面越粗糙，摩擦阻力越大，使零件表面磨损速度加快，耗能越多，且影响相对运动的灵敏性。

3. 对疲劳强度的影响

零件表面越粗糙，表面上的凹痕和裂纹越明显，应力集中越敏感，尤其是当零件受到交变载荷时，零件的疲劳损坏可能性越大，疲劳强度越差。

4. 对腐蚀性的影响

表面粗糙的零件，在其表面易积聚腐蚀性气体或液体，且通过表面的微观凹谷渗入金属内层，造成表面锈蚀。

此外，表面粗糙度还影响零件的密封性能、产品的美观和表面涂层的质量等。因此，在设计零件时提出表面粗糙度的要求，是几何精度设计中不可缺少的一个方面。为与国际标准接轨，我国制定了有关表面粗糙度的国家标准：GB/T131—2006。它涉及表面粗糙度的基本术语、参数及数值、符号、标注方法以及评定比较样块和测量仪器的规定等各个方面，基本形成了表面粗糙度标准体系，给产品设计和制造提供了技术依据。

一、表面粗糙度的基本术语

（1）实际表面　物体与周围介质分离的表面。

（2）表面轮廓　平面与实际表面相交所得的轮廓称为表面轮廓，见图 2-40。实际上，通常采用一条名义上与实际表面平行和在一个适当方向的法线来选择一个平面。

1）原始轮廓（P 轮廓）是评定原始参数的基础。

2）粗糙度轮廓（R 轮廓）是评定粗糙度轮廓参数的基础。

3）波纹度轮廓（W 轮廓）是评定波纹度轮廓

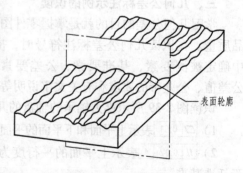

图 2-40　表面轮廓

参数的基础。

对于机械零件的表面结构要求，一般采用 R 轮廓参数评定。

（3）中线　具有几何轮廓形状并划分轮廓的基准线。

（4）取样长度（lp、lr、lw）　用于判别被评定轮廓的不规则特征的 X 轴方向上的长度。

（5）评定长度（ln）　用于判别被评定轮廓的 X 轴方向上的长度（一般包含一个或几个取样长度），对于 R 轮廓，默认的评定长度为 5 个取样长度（即 $ln = 5lr$）。

（6）轮廓峰高（Zp）　轮廓最高点距 X 轴线的距离，如图 2-41 所示的 Zp 为轮廓单元中的轮廓峰高。

（7）轮廓谷深（Zv）　X 轴与轮廓最低点之间的距离，如图 2-41 所示为轮廓单元中的轮廓谷深。

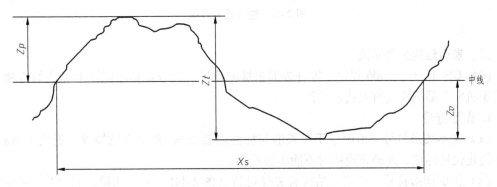

图 2-41　轮廓峰高和轮廓谷深

（8）轮廓最大峰高（Pp、Rp、Wp）　在一个取样长度内的最大轮廓峰高（图 2-42）。

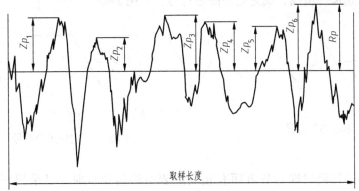

图 2-42　轮廓最大峰高

（9）轮廓最大谷深（Pv、Rv、Wv）　在一个取样长度内的最大轮廓谷深（图 2-43）。

（10）轮廓最大高度（Pz、Rz、Wz）　在一个取样长度内，轮廓最大峰高和轮廓最大谷深之和便为轮廓最大高度，对 R 轮廓而言，$Rz = Rp + Rv$。

（11）评定轮廓的算术平均偏差（Pa、Ra、Wa）　在一个取样长度内，纵坐标 $Z(x)$ 绝对值的算术平均值，即 Pa、Ra、$Wa = \dfrac{1}{l}\int_{0}^{l} |Z(x)|\, \mathrm{d}x$ 。

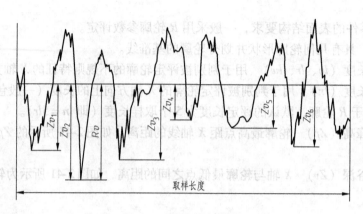

图2-43　轮廓最大谷深

二、表面结构的表示法

国标 GB/T 131—2006 规定了零件表面粗糙度符号、代号及其在图样上标注的方法。它适用于机电产品图样及有关技术文件。

1. 图形符号

（1）基本图形符号　由两条不等长的与标注表面成 60°角的直线构成，见图2-44a，仅用于简化代号标注，无补充说明时不能单独使用。

（2）扩展图形符号　对表面结构有去除材料（图2-44b）或不去除材料（图2-44c）的指定要求的图形符号，简称扩展符号。

（3）完整图形符号　要求标注表面结构特征的补充信息时，在图2-44 所示的三个图形符号的长边上分别加一横线，成为完整图形符号，见图2-45。

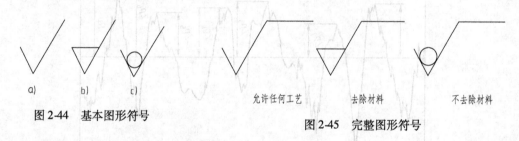

a)　　b)　　c)

图2-44　基本图形符号

允许任何工艺　　去除材料　　不去除材料

图2-45　完整图形符号

对某个图形中封闭轮廓的各表面有相同的表面结构要求时，可采用图2-46 所示的符号。

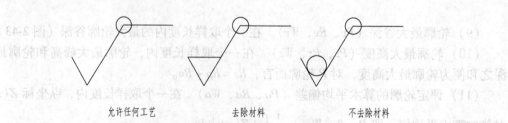

允许任何工艺　　去除材料　　不去除材料

图2-46　具有相同的表面结构要求

图 2-47 所示的表面结构符号是指结图形中封闭轮廓的六个面的共同要求，不包括前、后面。

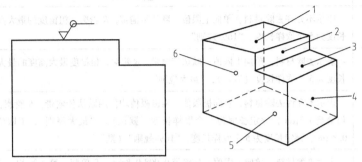

图 2-47　封闭轮廓的六个面的共同表面结构要求

2. 表面结构补充要求的注写位置（图 2-48）

（1）位置 a　注写表面结构的单一要求，或注写第一个表面结构要求。

（2）位置 b　注写第二个表面结构要求，若要注写第三个或更多个表面结构要求时，图形符号应在垂直方向扩大，留出足够的注写空间。

（3）位置 c　注写指定的加工方法（车、铣、磨等）、表面处理、涂层或其他加工工艺要求。

（4）位置 d　注写要求的表面纹理方向符号。

（5）位置 e　注写要求的加工余量，数值以 mm（毫米）为单位。

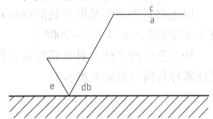

图 2-48　表面结构补充要求的注写位置

3. 表面结构参数的标注

1）无论是标注粗糙度轮廓参数还是其他轮廓参数，必须标出参数代号 Ra、Rz 等，不得省略。

2）为避免误解，在参数代号和极限值之间应插入空格，例如："$Ra0.8$"。

3）参数代号后标有"max"字样时，是应用最大规则解释其给定的极限值；无"max"字样时，用默认的 16% 规则解释。

4）R 轮廓的评定长度的默认值是 5 个取样长度，当评定长度不等于 5 个取样长度时，应在相应的参数代号后标注其个数，如："$Ra3$"、"$Rz3$"等，其后空一格再标注参数极限值。

5）当只标注参数代号、参数值和传输带时，它们应被默认为参数的上限值。若参数代号、参数值和传输带作为参数的单向下限值时，则参数代号前应加注字母"L"，例如（L $Ra0.32$）。

6）在完整符号表示表面参数的双向极限时，上限值在上方，在参数代号前加注字母"U"；下限值在下方，在参数代号前加注字母"L"，如果同一参数具有双向极限要求，在不会引起误解时，也可以考虑省略标注字母"U"及"L"。

三、表面结构参数的识读

表面结构参数符号的注写示例及含义见表 2-5。

表 2-5　表面结构符号、代号的含义

符　　号	含义/解释
$\sqrt{}$　Rz 0.4	表示不允许去除材料，单向上限值，默认传输带，R 轮廓，粗糙度的最大高度 0.4μm，评定长度为 5 个取样长度，"16% 规则"
$\sqrt{}$　Rz max 0.2	表示去除材料，单向上限值，默认传输带，R 轮廓，粗糙度最大高度的最大值 0.2μm，评定长度为 5 个取样长度（默认），"最大规则"
$\sqrt{}$　U Ra max 3.2　L Ra 0.8	表示不允许去除材料，双向极限值，两极限值均使用默认传输带，R 轮廓，上限值：算术平均偏差 3.2μm，评定长度为 5 个取样长度（默认），"最大规则"，下限值：算术平均偏差 0.8μm，评定长度为 5 个取样长度，"16% 规则"（默认）
$\sqrt{}$　0.008-0.8/Ra 3.2	表示去除材料，单向上限值，传输带 0.008-0.8mm，R 轮廓，算术平均偏差 3.2μm，评定长度为 5 个取样长度（默认），"16% 规则"（默认）

注：标准规定，当图样上标注参数的最大值（max）或最小值（min）时，表示参数中所有的实测值均不得超过规定值。当图样上采用参数上限值或下限值时（表示未注 max 或 min 的），表示参数的实测值中允许少于总数 16% 的实测值超过规定值。

　　以上仅对表面粗糙度参数的确定和图样标注的规定作了简要介绍和说明。若有需要查看有关国家标准 GB/T 131—2006。

　　加工完成的零件，只有同时满足尺寸精度、形状和位置精度、表面粗糙度的要求，才能保证零件几何参数的互换性。

复习思考题

1. 什么是互换性？误差与公差有什么关系？
2. 孔与轴的定义是什么？从加工过程及配合关系来分析二者的不同？
3. 为什么说加工后的尺寸等于公称尺寸但不一定就是合格尺寸？
4. 为什么说具有间隙的配合不一定就是间隙配合？
5. 尺寸公差带与几何公差带有什么不同？
6. 公差等级相同，其公差数值就一定相同吗？为什么？
7. 为什么优先选择基孔制配合？
8. 表面粗糙度数值越小越好是否正确？为什么？

第三章　常用材料基础知识

教学目标　1. 了解金属的力学性能。
　　　　　　2. 掌握常用金属材料的牌号及性能特点。
　　　　　　3. 了解钢的热处理方法、种类及各自的特点。
教学重点　常用金属材料的牌号及性能特点。
教学难点　钢的热处理。

机电行业的各类产品，大多是由种类繁多、性能各异的工程材料通过材料加工制成的零件构成的，所以工程材料是各类产品制造的基础。在机电产品的制造中，正确选材是关键的环节之一。为此，必须熟练掌握工程材料的基础知识。本章介绍常用的金属材料和电工材料两部分内容。

第一节　金属材料的力学性能

一、概念

金属材料在使用时所表现出来的性能统称为使用性能，它包括物理性能、化学性能、力学性能等，但在机械行业中，首先考虑的是力学性能。

机械零件在使用的过程中，总是不可避免地受到各种形式外力的作用，因此要求金属材料必须具备必要的抵抗外力作用而不被破坏的能力。这个能力是由材料一定的力学性能来满足的。

材料在力作用下显示的与弹性和非弹性反应相关或包含应力-应变关系的性能称为力学性能。

金属材料在外力作用下所产生的几何形状和尺寸的变化称为变形。变形一般分为弹性变形（随卸载而恢复的变形）和塑性变形（永久变形）两种。

外力通常有静载荷、冲击载荷、交变载荷等。

试样上通过某点对定平面作用的力或分力在该点的强度称为应力。在力学性能中，应力是一个十分重要的参数。

二、金属材料的力学性能

金属材料的力学性能主要包括强度、塑性、硬度和疲劳强度等，都是通过力学试验得到的。

（1）强度　金属材料承受外力作用而不发生破坏的能力称为强度。

按外力作用方式的不同，可分为抗拉强度、抗压强度、抗弯强度、抗剪强度等。最常用的金属材料强度参量有屈服强度和抗拉强度，通常采用拉伸试验来测定。试验时将被测试材料制成标准试样，在拉伸试验机上对试样加轴向静拉力 F，试样在外力作用下产生变形，得到应力-应变曲线，显示出材料从弹性变形直到断裂的各种力学特性。

1）屈服强度。当金属材料呈现屈服现象时，在试验期间发生塑性变形而力不增加时的应力称为屈服强度。屈服强度分为上屈服强度和下屈服强度。上屈服强度是指在屈服期间，不计初始瞬时效应时的最低应力值，用 R_{eL} 表示。下屈强度是指试样发生屈服而力首次下降前的最高应力值，用 R_{eH} 表示。

2）抗拉强度。与最大应力 F_m 相对应的应力，称为抗拉强度，用 R_m 表示。可按下式计算

$$R_m = F_m / S_0$$

式中　F_m——试样拉断前承受的最大应力（N）。

显然，金属零件不能在应力超过 R_{eL} 的条件下工作，否则会导致零件的破坏。

（2）塑性　金属材料在外力作用下产生永久性变形（即去掉外力后不能恢复原状的变形），而不被破坏的性能称为塑性。衡量塑性的参量有伸长率和断面收缩率。

1）伸长率 A。伸长率是材料断裂后试样标距长度的相对伸长值和原始标距之比的百分率。计算式为

$$A = \frac{L_1 - L_0}{L_0} \times 100\%$$

式中　L_1——试样拉断后的标距（m）；

　　　L_0——试样的原始标距（m）。

2）断面收缩率 Z。断裂后试样横截面积的最大缩减量与原始横截面积之比的百分率为断面收缩率。其计算式为

$$Z = \frac{S_0 - S_1}{S_0} \times 100\%$$

式中　S_0——试样原始横截面积（m^2）；

　　　S_1——试样拉断处的最小横截面积（m^2）。

金属材料的伸长率 A 和断面收缩率 Z 的数值越大，表示材料的塑性越好。良好的塑性使零件在受力过大时，由于塑性变形使材料强度提高而避免突然断裂，因此比较安全，提高了工件的可靠性。

（3）硬度　金属材料抵抗变形，特别是压痕或划痕形成的永久变形的能力称为硬度。

工程上常用的硬度指标有布氏硬度和洛氏硬度，测定时一般都用相应的硬度计。

1）布氏硬度 HBW。布氏硬度试验是把一定直径的硬质合金球，在规定载荷作用下，压入试样金属表面，保持规定的时间后卸载，留下一个压痕，此压痕面积与所加载荷之比就为硬度值，一般用 HBW 符号表示。

布氏硬度试验的优点是具有较高的测量精度，得到广泛的应用。但不能测定高硬度材料。

2）洛氏硬度 HR。洛氏硬度试验是以规定直径的硬质合金球或钢球或以锥顶角为 120° 的金刚石圆锥压入试样表面，先加初载荷，后加主载荷，之后去除主载荷，在保留初载荷的情况下，根据试样表面的压痕深度确定被测材料的洛氏硬度值。常用的硬度标度有 HRA、HRB 和 HRC。

洛氏硬度试验的优点是操作迅速、简便，可在表盘上直接读出硬度值，可测薄工件和硬

材料。

在许多场合下都要求材料有一定的硬度，例如：切削刀具、工具、量具、模具和一些重要的零件。硬度越高，其耐磨性越好，抵抗局部变形的能力越好，能保证其使用性能和寿命，而且硬度也间接反映材料的强度。

（4）疲劳强度　许多机械零件（如轴、齿轮、轴承……）在工作过程中往往受到大小和方向随时间变化的载荷，即交变载荷的作用，在这种情况下，金属材料能够承受的应力远远低于受静载荷时能够承受的应力，甚至在低于屈服强度的状态下，长时间工作都会发生裂纹或者突然断裂，材料的这种现象称为金属的疲劳。

金属材料在指定寿命下失效的应力水平称为疲劳强度。当循环应力中的最大应力与最小应力的大小相等、方向相反时称为对称循环应力，所对应的疲劳强度用符号 S 表示。

疲劳破坏是机械零件失效的主要原因之一。据统计，在零件失效中大约有 80% 以上属于疲劳破坏，而且疲劳破坏前没有明显的变形，所以疲劳破坏经常造成重大事故，可见疲劳强度是材料的一个主要指标。

以上介绍了金属材料的五个力学性能，它们虽然有所区别，但也绝对不是完全无关的，它们之间有着紧密的关联性。一般情况下，金属材料的强度、硬度较好时，往往塑性、韧性较差，相反塑性、韧性较好时，强度、硬度较低。但有些材料在处理较好时，也会得到综合性能较好的结果。

第二节　常用金属材料

金属材料是机电产品中应用最多的材料，可分为黑色金属和有色金属。本节着重介绍常用的金属材料，它们是黑色金属中的钢、铸铁，有色金属及硬质合金。

一、钢

常用金属材料中钢是最重要的，工业用钢按化学成分分为碳素钢和合金钢两大类。

（1）碳素钢　碳素钢是碳的质量分数小于 2%，含有少量的锰、硅、硫、磷等杂质元素的铁碳合金。由于碳素钢具有较好的力学性能和工艺性能，并且产量大、价格低廉，因此它是机械工程上应用十分广泛的金属材料。

碳素钢的种类繁多，可按不同的方法分类。按含碳的多少分类：分为低碳钢（碳的质量分数小于 0.25%）、中碳钢（碳的质量分数为 0.25% ~ 0.60%）、高碳钢（碳的质量分数大于 0.60%）。按钢的质量分类：分为普通钢、优质钢、高级优质钢。我国国家标准规定主要根据用途来分，分为结构钢、工具钢、特殊钢三大类。

1）碳素结构钢。碳素结构钢因价格便宜，产量较大，大量用于制造金属结构和一般机械零件。

碳素结构钢的牌号以"Q + 数字 + 字母 + 字母"表示，即由代表钢材屈服强度的拼音字母"Q"，代表屈服强度数值的数字，代表质量等级符号和脱氧方法符号的字母四部分按顺序组成。质量等级规定了 A、B、C、D 四级，A 级质量最差，D 级质量最高。脱氧方法"F"表示沸腾钢，"Z"表示镇静钢，"TZ"表示特殊镇静钢，一般"Z"与"TZ"符号予以省略。例如：Q235AF 表示屈服强度为 235MPa 的 A 级沸腾钢。

碳素结构钢有 Q195、Q215、Q235、Q275。

2）优质碳素结构钢。优质碳素结构钢的杂质含量较低，常用来制造重要的零件，使用前一般都要经过热处理来改善力学性能。

优质碳素结构钢的牌号以"两位数字"、"两位数字＋F"或"两位数字＋元素符号"的方法表示。该类钢牌号中的两位数字为以平均万分数表示的碳的质量分数。如钢号20，表示碳的平均质量分数为0.20%的优质碳素结构钢。

对于含锰较高的钢，需将锰元素标出，即指碳的平均质量分数大于或等于0.6%，锰的质量分数在0.9%～1.2%者，及碳的平均质量分数小于0.6%，锰的质量分数在0.7%～1.0%者，数字后标出元素符号"Mn"。如钢号25Mn，表示碳的平均质量分数为0.25%，锰的质量分数为0.7%～1.0%的钢。

表沸腾钢的符号F应在钢号后特别标出，如10F。

常见的优质碳素结构钢有20、25、45、45Mn、10F等。

3）碳素工具钢。碳素工具钢主要用来制造刀具、模具和量具等，要求有较高的硬度和耐磨性，所以碳的质量分数一般都在0.70%以上。

碳素工具钢的牌号以"T＋数字"或"T＋数字＋字母"表示。"T"表示碳素工具钢，数字为表示钢中碳的平均质量分数的千分数。如碳的平均质量分数为0.8%的碳素工具钢，其钢号为"T8"。如含锰较高者，在钢号后面加"Mn"注出。如为高级优质碳素工具钢，则在钢号末端加"A"，如"T10A"。

（2）合金钢　现代工业和科学技术不断发展，对钢的力学性能和物理、化学性能都提出了更高的要求，由于碳素钢即使经过热处理也不能满足这些要求，因而发展了合金钢。合金钢就是为了改善和提高碳素钢的性能或使之获得某些特殊性能，在碳素钢的基础上添加了某些合金元素而得到的多元铁基合金。

合金钢的种类很多。按钢的用途可分为合金结构钢、合金工具钢、特殊性能钢。下面简要介绍前两种常用的合金钢。

1）合金结构钢。合金结构钢是机械制造、交通运输及工程机械等方面应用最广、用量最大的一类合金钢。合金结构钢是在优质碳素结构钢的基础上加入一些合金元素而形成的。

合金结构钢的牌号由"两位数字＋元素＋数字＋…"组成。前两位数字为表示碳的平均质量分数的万分数，合金元素以化学元素符号表示，其后的数字则表示该合金元素的平均质量分数。如果合金元素的平均质量分数低于1.5%，则不标明其含量。当合金元素的平均质量分数≥1.5%、≥2.5%、≥3.5%……时，则在元素后面标以2、3、4……依此类推。如为高级优质钢，在钢号的后面加"A"。如60Si2Mn为碳的质量分数0.60%，主要合金元素硅的质量分数为1.5%～2.5%，锰的质量分数小于1.5%的合金结构钢。

合金结构钢又分为合金渗碳钢、调质钢、弹簧钢等。

2）合金工具钢。合金工具钢主要用来制造尺寸大、精度高和形状复杂的模具、量具以及切削速度较高的刀具。

合金工具钢的牌号以"一位数字（或没有数字）＋元素＋数字＋…"表示。前面的数字为表示钢中碳的平均质量分数的千分数。当碳的平均质量分数≥1%时，不标出数字。后面的化学元素符号及数字的含义与合金结构钢相同。如9CrSi表示碳的质量分数为0.9%，主要合金元素铬、硅的质量分数都是小于1.5%的合金工具钢。

高速钢是合金工具钢中最重要的一种，其主要特点是热硬性高，并因制造出的刀具可以进行高速切削而得名，它是含碳量较高，铬、钨等合金元素含量也高的一种优质工具钢。其钢号一般不标出碳的质量分数，只标出合金元素的平均质量分数。一般常用的牌号有 W18Cr4V、W6Mo5Cr4V2 等。

二、铸铁

铸铁是碳的质量分数大于 2% 的铁碳合金。除碳之外，铸铁还含有较多的 Si、Mn 和其他一些杂质元素。为提高铸铁的力学性能，可加入一定量的合金元素组成合金铸铁。

同钢相比铸铁熔炼简便、成本低廉，虽然强度、塑性和韧性较低，属于脆性材料，但是由于铸铁具有优良的铸造性，很高的减振和耐磨性，良好的切削加工性等优点，因此广泛应用于机械制造、冶金、交通和国防等工业生产中。

根据碳元素在铸铁中的存在形式，铸铁可分为：白口铸铁（断口呈现白色）和灰铸铁（断口呈现黑灰色）。两者的区别在于，白口铸铁中碳以渗碳体的形式存在，其性能特点是硬而脆且非常耐磨，难以切削加工，在机械工业中很少用，但可以利用其特点制造耐磨零件，如农业用的犁铧，除此之外多作为炼钢用的原料，通常称它为生铁。而灰铸铁中的碳以游离的石墨形式存在，使其性能得到改善，所以机械工业中常用的铸铁一般都是灰铸铁。

铸铁中的石墨形态以及分布状况对性能影响很大，铸铁中石墨状况主要受铸铁的化学成分及工艺过程的影响。通常，铸铁中石墨形态在铸造后即可形成。工业用的铸铁根据石墨形态和组织性能，可分为：灰铸铁、球墨铸铁、可锻铸铁、蠕墨铸铁等。

（1）灰铸铁　灰铸铁中碳主要以片状石墨形式存在。由于其耐磨性、减振性、切削性较好，且铸造性能最好（流动性好、收缩性小），所以应用范围广泛，在各类铸铁的总产量中，灰铸铁占 80% 以上。灰铸铁主要用来制造设备的床身、底座、支柱、气缸、箱体等零件。

灰铸铁的牌号用"灰铁"两字汉语拼音的大写首字母"HT"加一组数字表示，数字表示铸铁的抗拉强度。常见牌号为 HT200、HT300、HT350 等。

（2）球墨铸铁　球墨铸铁中石墨以球状的形式存在，它具有良好的力学性能、加工性能和铸造性能，生产工艺简单，成本低廉，得到了越来越广泛的应用。球墨铸铁可通过合金化和热处理强化的方法进一步提高其力学性能，因此在一定条件下可代替铸钢、锻钢等，用以制造受力复杂、负荷较大和耐磨性要求较高的铸件，例如曲轴、连杆、液压缸体、泵体、轧钢机的轧辊等。

球墨铸铁的牌号用"球铁"两字汉语拼音的大写首字母"QT"加两组数字表示，两组数字分别表示抗拉强度和伸长率，例如 QT400-15。常用牌号为 QT450-10、QT500-7、QT600-3 等。

（3）可锻铸铁　可锻铸铁中的石墨以团絮状的形式存在。可锻铸铁实际上并不能锻造。与灰铸铁相比，其具有较高的强度和一定的塑性和韧性。另外可锻铸铁的铁液处理简单，质量稳定，容易组织流水化生产，广泛用于制造形状复杂，且承受冲击载荷的薄壁中小型零件，例如汽车、拖拉机上的后桥外壳、低压阀门等许多零件。

可锻铸铁的牌号用"可铁"两字汉语拼音的大写首字母"KT"，加可锻铸铁的类别，再加两组数字表示。可锻铸铁的类别有 H（黑心）、B（白心）、Z（珠光体），两组数学表示抗拉强度和断后伸长率。如 KTH300-06、KTZ450-06 等。

（4）蠕墨铸铁 蠕墨铸铁中的石墨大部分以蠕虫状形式存在。蠕墨铸铁是近年来发展起来的一种新型高强度工程材料。其力学性能优于灰铸铁，低于球墨铸铁，即强度和韧性高于灰铸铁，不如球墨铸铁。但其导热性、抗热疲劳性和铸造性能均比球墨铸铁好，易得到致密的铸件。蠕墨铸铁适于铸造经受循环载荷，要求组织致密，强度要求较高，形状复杂的零件，如气缸盖、排气管、液压件、阀体等。

蠕墨铸铁的牌号用"蠕"字汉语全拼（首字母大写）"Ru"，"铁"字汉语拼音的大写首字母，以及一组数字表示。数字表示抗拉强度，如 RuT420。

三、有色金属

常用金属材料的另一大类是有色金属，通常把黑色金属以外的其他金属材料称为有色金属。与黑色金属相比，有色金属具有特殊的物理、化学性能和力学性能，是现代工业不可缺少的材料。有色金属的种类很多，本节仅对工业中应用广泛的铜及铜合金和铝及铝合金等有色金属作一些简单的介绍。

1. 铜及铜合金

（1）纯铜 纯铜呈玫瑰红色，表面形成氧化膜后，外观呈紫红色。纯铜具有优良的导电性和导热性，仅次于银，主要用于制作各种电工导体材料及配制各种铜合金。另外它的塑性非常好，易进行各种形式的冷、热压力加工，同时具有良好的耐蚀性。因此，纯铜得到广泛的应用，在电气工业中可用于制作电刷、电线、电缆、发电机、变压器等。铜为抗磁性物质，用铜制作的各种仪器零件不受外来磁场干扰，如定向仪器、磁学仪器等。

纯铜的牌号用"铜"字汉语拼音大写"T"加数字表示。数字越大，表示纯度越低。工业用纯铜有 T1、T2、T3 三个牌号。

除工业纯铜外，还有一类叫无氧铜，其含氧量极低，牌号有 TU0、TU1、TU2，主要用来制作高导电性铜线及电真空器件。

纯铜的强度低，不宜作结构材料，可利用合金化的方法提高铜的强度。在铜中经常加入一些合金元素，不仅能提高铜的强度，而且可进一步改善铜的耐蚀性及工艺性能，形成一系列的铜合金。

（2）铜合金 在工业上广泛应用的是铜合金，常用的铜合金有黄铜、青铜和白铜三类，下面仅介绍黄铜和青铜。

1）黄铜。黄铜是以锌为主要合金元素的铜合金。黄铜具有良好的塑性和耐蚀性，良好的变形加工性能和铸造性能，在工业中应用价值很高。按化学成分的不同，黄铜可分为普通黄铜和特殊黄铜两种。

普通黄铜是铜、锌二元合金，其塑性、强度较好，可进行冷、热压力加工，适于用来冲压、拉伸形状复杂的零件和各种型材等。它的牌号用"黄"字汉语拼音的大写首字母"H"加数字表示，数字表示合金中铜的平均质量分数，如 H70。常用的牌号 H68、H80、H62、H59 等。

特殊黄铜是在普通黄铜中加入铝、铁、硅、锰、镍等元素的铜合金，如铝黄铜、硅黄铜等。它们各有特点，扩大了黄铜的使用范围。其牌号用"H"加主要元素和两组数字表示；两组数字依次为铜与主加元素的质量分数，例如 HPb61-1、HSn62-1、HMn58-2、HPb63-3。

2）青铜。青铜原指铜锡合金。近年来，工业上把不含锡而含有铝、硅、锰等元素组成的铜合金也称青铜。所以，青铜实际上包含锡青铜、铝青铜、硅青铜等。

青铜有较高的耐磨性、耐蚀性、力学性能及铸造性能，用来制造耐磨的齿轮、蜗轮、滑动轴承等零件。

青铜的牌号用"Q + 主加元素符号 + 铜与主加元素的平均质量分数表示。如 QSn4-3、QSi3-1 等。

2. 铝及铝合金

铝及铝合金是近百年来迅速发展的一种金属，它在全世界的产量仅次于钢，占第二位，占有色金属的首位，广泛地用于机械制造、电气工程、航天工业、轻工业等部门。

（1）纯铝　纯铝密度小，熔点低，塑性大，具有良好的导电性、导热性、耐蚀性和可加工性，可以广泛应用于制造导体、铝丝、电缆电线及耐蚀器皿和生活器皿产品。由于铝的强度很低，所以一般不宜直接作为结构材料和制造机械零件。

纯铝按其纯度分为高纯铝、工业高纯铝和工业纯铝。工业纯铝的牌号为 1070A（原代号为 L1）、1060（原代号为 L2）、1050A（原代号为 L3）、1035（原代号为 L4）。

（2）铝合金　纯铝的硬度及强度很低，所以制造机械零件一般不用纯铝，而用铝合金。在纯铝中加入硅、铜、镁、锰等一定的元素制成具有较高强度的铝合金，其力学性能明显提高。根据铝合金的成分和工艺特点，可分为变形铝合金和铸造铝合金。

1）变形铝合金是将铝合金铸锭经过压力加工，制成模锻件，塑性较好，适于变形加工，按照性能特点和用途分为防锈铝、硬铝、超硬铝和锻铝等。

防锈铝塑性好，耐腐蚀能力强，主要用于制造耐蚀性容器。常用的牌号为 5A02、3A21（原代号为 LF2、LF21）。

硬铝具有较高的力学性能，主要用于航空及仪表制造业，常用牌号为 2A11、2A12（原代号 LY11、LY12）。

超硬铝室温力学性能最高，主要用于航空制造业中，但其耐蚀性差，高温下软化快，常用牌号为 7A04（原代号为 LC4）。

锻铝在其锻造温度范围内具有良好的塑性，并有较高的力学性能，主要用于航空和仪表工业中制造形状复杂的锻件及冲压件，常用牌号为 2A50（原代号为 LD5）。

2）铸造铝合金是用来制造铸件的铝合金。按照主要合金元素的不同，可分为铝硅合金、铝铜合金、铝镁合金和铝锌合金四类。

铝硅合金是最常用的铸造铝合金，常用代号为 ZL101、ZL104。

四、硬质合金

硬质合金是由难熔金属的碳化物和粘结金属组成的合金，具有高硬度、高耐磨性及优良的热硬性，可用来加工硬质材料。其缺点是韧性和抗弯强度较差。

硬质合金广泛应用于制造切削刀具、模具及要求耐磨的零件。

第三节　钢的热处理

热处理是改善金属材料的使用性能和加工性能的一种重要的工艺方法，在机械制造中，大部分的重要零件都必须进行热处理。

热处理是将固态金属或合金在一定介质中加热、保温和冷却，以获得所需要的组织结构与性能的工艺。

钢是金属材料中采用热处理工艺最为广泛的材料。热处理的目的是改善钢的性能，通过在加热和冷却过程中使奥氏体转变为不同的组织，从而得到钢的不同性能。

一、钢的加热和冷却

1. 钢的加热

在钢的热处理工艺中，加热是为了得到奥氏体组织。奥氏体组织虽然是钢在高温状态时的组织，但是它的晶粒大小和成分的均匀程度，对钢冷却后的性能有重要的影响。一般情况下，奥氏体晶粒越细小，越均匀，冷却后的组织也越细而均匀。细晶粒组织的强度、塑性比粗晶粒的高，尤其是韧性有明显的提高，因此钢在加热时，为了得到细小而均匀的奥氏体晶粒，必须控制加热温度和保温温度。一般温度越高，晶粒越大，如果保温时间过长，化学成分均匀性较好，但晶粒长大的倾向越大。

2. 钢的冷却

钢经加热获得奥氏体组织后，在不同的条件下冷却，可获得力学性能不同的组织，一般用等温冷却的方法来分析钢的冷却转变组织与性能。

（1）高温产物 在550～727℃范围内，冷却速度较慢，奥氏体等温转变为珠光体型转变（分为珠光体、索氏体、托氏体）。温度越低，组织越细小，性能越好。一般珠光体类型的组织，强度、硬度较低，塑性、韧性较好。

（2）中温产物 在240～550℃范围内，冷却速度中等，奥氏体的等温转变是贝氏体型转变，分为上贝氏体与下贝氏体，上贝氏体由于性能很差而不采用。在240～350℃范围内形成的下贝氏体，其力学性能的综合性较好，得到较多的应用。

（3）低温产物 在240℃以下，冷却速度很快，奥氏体的转变是马氏体型转变，马氏体的性能特点是硬而脆，是热处理中一种很重要的组织，但一般要再经过其他热处理才能使用。

二、钢的热处理基本工艺

根据热处理的加热温度、冷却速度及处理方式的不同，钢的热处理分为整体热处理，即退火、正火、淬火、回火处理；化学热处理，如渗碳、渗氮、碳氮共渗等；其他热处理，如真空热处理，形变热处理等。下面简单介绍热处理工艺。

（1）钢的退火 退火是将钢加热到适当温度，保温一段时间，然后缓慢冷却（一般随炉冷却）的热处理工艺。

一般退火都是零件的预备热处理，机械零件经过锻造、锻压、焊接等加工后，会存在内应力、组织粗大、不均匀等缺陷，但经过退火后，上述缺陷可以得到改善。退火的目的是降低钢的硬度，便于切削加工；细化内部组织，提高钢的力学性能，消除残余内应力等。

根据钢的成分、性能和退火的目的不同，退火又分为完全退火、球化退火、去应力退火、均匀化退火、再结晶退火等。由于冷却速度较慢，所以处理后却得到高温产物，即珠光体组织。一般适用于中碳钢和合金钢。

（2）钢的正火 正火是将钢加热到临界温度以上，保温后在空气中冷却的热处理工艺。正火和退火两者的目的基本相同，正火冷却速度比退火快，得到的仍是高温组织，即珠光体组织。但正火后钢的组织比较细，强度、硬度和韧性比较好，钢经正火后的力学性能比退火后提高。

正火主要用于低碳钢、低碳合金钢，可提高强度、硬度，改善切削性能等，也用于高碳钢，用于消除钢中的不利组织。

（3）钢的淬火　淬火是将钢加热到一定的温度，保温后快速冷却下来的热处理工艺。

淬火的主要目的是获得马氏体组织，以提高钢的硬度和耐磨性，使其获得较高的力学性能。为了提高冷却速度，直接把加热好的钢放入淬火冷却介质（水或油）中以获得马氏体。淬火是钢的最重要的热处理工艺，也是应用最广的工艺之一。

淬火主要用于中高碳钢及其合金。

（4）钢的回火　回火是钢件在淬火后，再加热到某一温度，保温后再冷却到室温的热处理工艺。

淬火后的钢处于高应力状态下，硬而脆，韧性差，而且组织也不稳定，不能直接使用，必须及时回火，否则工件会有断裂的危险。淬火后回火的目的是降低和消除内应力，防止钢件开裂和变形，调整钢件的内部组织和性能，稳定零件在使用过程中的尺寸和形状。

根据钢在加热时的温度的不同，按照回火后性能要求，淬火后的回火有：低温回火，主要用于工具、冷作模具；中温回火，适于弹簧钢的热处理；高温回火，又称调质，需调质处理的零件如轴类、连杆、齿轮等。所以，同一种钢淬火后经不同的温度回火，可以得到多种不同的用途。

（5）钢的表面热处理　有些零件，如齿轮、曲轴、离合器等，既要求表层具有高硬度、耐磨性和疲劳强度，又需要心部具有足够的塑性和韧性，以承受冲击载荷。为满足这类零件的性能要求，需进行表面热处理。

常用的表面热处理有表面淬火。表面淬火是对钢的表面加热，使其表层达到淬火温度后迅速冷却的热处理工艺。根据淬火的加热方法的不同，可分为火焰加热、感应加热和接触电阻加热等。常用的火焰淬火的质量不稳定，生产率低，主要用于单件、小批量生产。感应加热淬火的工件表面质量好，淬硬层深度易于控制，生产率高，便于实现机械化、自动化。表面淬火应用于中高碳钢及合金，或者经过渗碳、渗氮以后的钢件。

（6）钢的化学热处理　化学热处理是将钢件置于一定温度的活性介质中保温，使一种或几种元素渗入它的表层，以改变其化学成分和组织，达到改进表面性能，满足技术要求的热处理工艺。

常用的化学热处理有渗碳、渗氮、碳氮共渗、氮碳共渗等。

化学热处理主要用于中低碳钢及合金。

第四节　常用电工材料

电工材料是电气、电子工业的最基本的材料，为电能的生产、传输、分配、控制和应用提供重要的物质保证。随着新型电工材料的开发和应用，电工材料的品种不断增多。电工材料的快速发展，使得电工材料的选择和应用成为电气技术中十分重要的课题。本节主要介绍常用的导电材料、绝缘材料和磁性材料三种材料的名称和用途。

一、导电材料

导电材料包括普通导电材料、电热材料、电阻材料、熔体材料和触头材料等。

1. 普通导电材料

普通导电材料是指专门用于传导电流的金属材料。

（1）导线材料　常用的导线材料是铜和铝，主要用来制作电线电缆及连接线的材料。

铜导线温度在20℃时的电阻率为$1.72 \times 10^{-8}\Omega \cdot m$，铝导线在同样温度的电阻率为$2.86 \times 10^{-8}\Omega \cdot m$，可见铜的导电性较铝好，相同截面的铜线比铝线载流量大。一般铜和铝的载流量之比是1:0.76，在实际使用中，如果用铜导线代替铝导线，可将截面积减少一半。

（2）常用电线电缆　电线电缆品种很多，按照它们的性能、结构、制造工艺及使用特点，分为裸线、电磁线、绝缘电线电缆和通信电缆等。

1）裸线。这类产品只有导体部分，没有绝缘和护层结构，分为圆单线、软接线、型线和绞线等，修理电机电器时，经常用型线和软接线。

软接线是由多股铜线或镀锡铜线绞合编制而成的，其特点是柔软，耐振动，耐弯曲。常见的有裸铜电刷线 TS、裸铜软接线 TRJ、TRJ-4 等。

型线是非圆形截面的裸线，常用品种有扁线 TBY、TBR，母线 TMY、LMY，铜带 TDY、TDR 等。

2）电磁线。电磁线应用于电机电器及电工仪表中，作线圈或元件的绝缘导线，它的导电线芯有圆线和扁线两种，目前大多数采用铜线，很少采用铝线，常用的电磁线有漆包线和绕包线两类。

漆包线的绝缘层是漆膜，常用的有缩醛漆包线、聚酯漆包线、聚酯亚胺漆包线、聚酰亚胺漆包线等。

绕包线是用玻璃丝、绝缘线或合成树脂薄膜等紧密绕包在导电线芯上，形成绝缘层。绕包线一般用于大中型电工产品，常用的绕包线有纸包线、薄膜绕包线、玻璃丝包线及玻璃丝包漆包线等。

3）电机电器用绝缘导线。常用的绝缘导线有橡胶绝缘导线 BX、BLX，聚氯乙烯绝缘导线 BV、BLV 等，聚氯乙烯绝缘软线有 RV、RVB 等。

2. 电热材料

电热材料广泛应用于各种工业加热电炉和家用电器中，用来制造各种电阻加热设备中的发热元件，作为电阻接到电路中，使加热设备的温度升高。对电热材料的基本要求是电阻率较高，加工性好，特别是能长期处于高温状态下工作，常用的电热材料是镍铬系合金和铁铬铝系合金。

镍铬系电热合金，其特点是电阻率高，加工性能好，高温时机械强度好，使用后材料还有塑性，不发脆，适用于移动式加热设备。常用的有 Cr20Ni80、Cr15Ni60。

铁铬铝系电热合金，其特点是抗氧化性好，电阻率较高，但加工性能较差，高温强度低，使用后变脆，适用于加热温度高的固定式设备。常用的有 1Cr13Al4、0Cr25Al5 等。

3. 电阻合金

电阻合金是制造各种电阻元件的重要材料，其特性是电阻温度系数低，力学性能和加工性能好，耐腐蚀等，广泛用于电机、电器、仪表及电子产品等。

电阻合金按其主要用途分为调节元件用电阻合金、电位器用电阻合金，精密元件用电阻合金和传感器用电阻合金四种，这里仅介绍常用的前两种。

调节元件用电阻合金，用于制造调节电流、电压的电阻器与控制元件的线圈，常用的材料是康铜、新康铜，其价格便宜，抗氧化性较好，机械强度高，主要用于制造电阻、变压器、电位器与滑线电阻等元件。另一种常用的是铁铬合金材料，其抗氧化性好，焊接性差，用于制造大功率变阻器。

精密元件用电阻合金，可分为电工仪器用锰铜合金，用于制造室温下使用的仪器，如电桥、电位差计等；分流器用锰铜合金，用于制造高准确度分流器。另外，镍铬铝铁、镍铬铝铜等高阻值的电阻合金用于制造精密仪器的电阻元件。

4. 熔体材料

熔体是熔断器的主要部件，当通过熔断器的电流大于规定值时，熔体立即熔断，自动（或通过灭弧填料和熔管等配合）断开电路，从而达到保护电力线路和电气设备的目的。常用的熔体材料有纯金属熔体材料和合金熔体材料。

（1）纯金属熔体材料　常用纯金属熔体材料有银、铜、铝、锡、铅和锌。银具有优良的导热、导电性能，耐腐蚀，焊接性好，可以加工成各种尺寸精确和外形复杂的熔体，广泛用作高质量要求的电力及通信设备的熔断器的熔体。铜熔断时间短，易于灭弧，但熔断特性不够稳定，主要用作要求较低的电力线路保护用的熔体。锡和铅熔断时间长，宜作小型电动机保护用的慢速熔体。

（2）合金熔体材料　常用的合金熔体材料有铅合金熔体材料和低熔点合金熔体材料，多制成低压熔丝和低熔点合金，如铅锡合金丝，它的特点是熔点低，主要用在照明及其他小容量、低压用电场合。

5. 触头材料

触头材料是指电气开关、仪器仪表等的接触元件接触处所使用的材料。在各类开关电器中，触头承担电路的接通、载流、分离和隔离的任务，应用广泛。

常用的触头材料有银基合金触头材料，耐热性好，广泛应用于继电器与开关触头；银氧化物触头材料抗熔焊性和抗电磨损性强，广泛应用于接触器和断路器等电器。

二、绝缘材料

由电阻率大于 $10^9 \Omega \cdot m$ 的物质所构成的材料在电工技术上叫做绝缘材料。绝缘材料主要是隔离带电的或不同电位的导体，使电流沿导体流通，在某些场合下，绝缘材料往往还起机械支撑，保护导体，灭弧等作用。

绝缘材料按材料的形态分气体、液体和固体绝缘材料。常用的固体绝缘材料，按应用或工艺特性，可划分为以下几类：

1. 绝缘漆

绝缘漆是一种在一定条件下固化成绝缘硬膜或绝缘整体的重要绝缘材料。按其用途分为浸渍漆、覆盖漆、漆包线漆等。

（1）浸渍漆　浸渍漆主要用来浸渍电机、电器的线圈和绝缘零部件，以填充其间隙和微孔，使浸渍物结成一个整体，从而提高绝缘结构的导热性及力学性能。其中以醇酸类漆应用最广泛。

（2）覆盖漆　覆盖漆按填料或颜料分为清漆和瓷漆两类，不含填料或颜料的称为清漆，否则称为瓷漆。瓷漆多用于线圈和金属表面的涂覆，清漆多用于绝缘零部件表面和电器内表面的涂覆，使其形成连续而均匀的漆膜，作为保护层，以防止机械损伤及润滑油和化学物品的侵蚀。

常用的覆盖漆有：晾干醇酸漆，其漆膜的弹性、耐气候性和耐油性好；醇酸灰瓷漆，其漆膜坚硬、耐电弧性好。

2. 浸渍纤维制品

以绝缘纤维制品为底材，浸以绝缘漆制成，有漆布、漆管和绑扎带三类。

（1）漆布　它主要用作电机、电器仪表的衬垫和线圈的绝缘，如常用的醇酸玻璃漆布，耐油性好，有防霉性能，可用于油浸变压器、油断路器线圈绝缘等。

（2）漆管　绝缘漆管有棉漆管、玻璃纤维漆管等类型，它们由相应的纤维管浸以不同的绝缘漆经过烘干而成。漆管主要用作电机、电器仪表等设备的引出管和连接线的绝缘套管，常用的有醇酸玻璃漆管。

（3）绑扎带　绑扎带主要用来绑扎变压器铁心和代替合金钢绑扎电机绕组端部。常用的是玻璃纤维无纬胶带，它绝缘性能好，牢度强，因此在电机工业中得到广泛的应用。

3. 电工层压制品

绝缘电工层压制品是以纤维作底材浸以或涂以不同的胶黏剂，经热压或卷制而成的层状结构的绝缘材料。可分为层压板、层压管和棒、电容套管芯等三类。根据使用要求，层压制品可制成具有优良电气性能和耐热、耐油、耐霉、耐电弧等特性的制品。可用作电机、电器绝缘零件，在潮湿环境下及变压器油中使用。

4. 电工用塑料

电工用塑料是指有由合成树脂、填料和各种添加剂等配制而成的高分子材料。电工用塑料质量轻，电气性能好，有一定的硬度和强度，常用于制造电气设备中各种绝缘零部件，以及电线电缆的绝缘和保护套材料。常用的酚醛塑料和酚醛玻璃纤维塑料，它们具有良好的电气性能和防潮防霉性能，尺寸稳定，强度高，主要用来制作电气设备的绝缘零件。

5. 云母制品

云母具有很高的耐热性和电气绝缘性，通常将云母材料加工成云母片、云母纸等绝缘制品，用于高压电机、电热设备和防火电缆等绝缘材料及电子元器件的电介质材料。

6. 绝缘薄膜及复合制品

（1）电工绝缘薄膜　电工绝缘薄膜是指厚度小于 0.5mm、宽度大于 60mm 的塑料薄片材料。其特点是厚度薄、质地柔软、电气性能及力学性能高。常用的有聚丙烯薄膜和聚酯薄膜，适用于电容器介质材料和电机、电器绝缘，匝间和相间绝缘，以及其他产品线圈的绝缘。

（2）绝缘薄膜复合制品　电工用薄膜复合制品明显改善了绝缘材料的抗撕性和浸渍性。其主要产品有聚酯薄膜绝缘纸复合材料和聚酯薄膜聚酯纤维纸复合材料等，适用于电机的槽、匝间、相间绝缘以及其他电工产品线圈的绝缘。

7. 其他绝缘材料

其他绝缘材料是指电机、电器中作为结构包扎及保护作用等的辅助绝缘材料。

（1）绝缘纸和绝缘纸板　可在变压器中使用，主要用于绝缘保护材料和减振绝缘零件。

（2）硬钢纸板　硬钢纸板机械强度高，适用于做电机、电器的绝缘零件。

（3）黑胶布带　黑胶布带又称黑包布，用于低压电线电缆接头的绝缘包扎。

（4）聚氯乙烯带　其绝缘性能好，耐潮、耐蚀性好，其中电缆用的特种软聚氯乙烯带，是专门用来包扎电缆接头的，由于制成黄、绿、红、黑四种色，可以通常称为相色带。

三、磁性材料

各种物质在外界磁场的作用下，都会呈现出不同的磁性，根据其磁性材料的特性，分为软磁材料、硬磁材料和特殊性能的磁性材料三大类。

（1）软磁材料　软磁材料的主要特点是磁导率高、剩磁弱和容易磁化。这类材料在较弱的外界磁场作用下，就能产生较强的磁感应强度，而且随着外界磁场的增强，很快就达到磁饱和状态。当外界磁场去掉后，它的磁场就基本消失。目前常用的金属软磁材料有电工用硅钢片和各类铁磁合金等。

1）电工用硅钢片是一种硅的质量分数为 0.5% ~4.8% 的铁硅合金板材和带材。它的主要特性是磁导率高，电阻率大，磁老化现象小，适用于作共频交流电磁器件，如电机的铁心。电工用硅钢片是电工中应用最广、用量最大的磁性材料。

2）铁磁合金。各类铁磁合金包括铁镍合金、铁铝合金、铁钴合金等，通常在低频弱磁场下选用。

（2）硬磁材料　硬磁材料的主要特点是在外界磁场的作用下，不容易产生较强的磁感应强度，但当其达到饱和状态以后，即使把外界磁场去掉，仍能在较长时间内保持较强的磁性。对硬磁材料的基本要求是剩磁强，磁性稳定。硬磁材料常制成永久磁铁，广泛用于扬声器、永磁发电机及通信装置中。

常用的硬磁材料有铝镍钴合金，它是电机、电器仪表等工业中应用较多的永磁材料。

（3）特殊性能的磁性材料　常用的特殊性能的磁性材料有恒导磁合金，主要用于制作精密电流互感器和恒电感等的铁心；磁温度补偿合金多用于电压调整器、电能表和磁控管等；非晶态磁性材料是一种新型磁性材料，可用作变压器铁心或磁心材料。

复习思考题

1. 常用的力学性能指标有哪些？
2. 什么是钢？含碳量越高的钢就一定越好对吗？
3. 为什么说45钢是应用最为广泛的碳素钢？它有什么优点？
4. 为什么说退火和正火的目的基本相同？实际生产一般多采用哪一种方式？
5. 为什么在淬火后一定要及时进行回火？回火有哪几种形式？
6. 中碳钢能否进行表面渗碳处理？哪种材料能进行表面渗碳处理？

第四章 机械传动

教学目标 1. 了解带传动和链传动的类型、特点及应用场合。
2. 掌握 V 带型号及选用。
3. 了解齿轮和轮系的传动特点及类型。
4. 掌握定轴轮系传动比计算及传动方向判断方法。

教学重点 齿轮传动的工作特点与类型。

教学难点 标准直齿圆柱齿轮几何参数的计算。

机械传动是机器设备中不可缺少的重要组成部分，其作用是把原动部分（如电动机、内燃机等）的运动和动力传递给工作部分（如起重机的吊钩、机床的主轴等）。机械传动的形式有许多种，其中带传动、链传动和齿轮传动是应用最为广泛的传动形式。

第一节 带 传 动

一、带传动的工作原理与类型

（1）带传动的类型 带传动由主动轮 1、从动轮 2 和张紧在两轮上的封闭环形传动带 3 所组成（图 4-1）。

按照传动带的横截面形状不同，可分为平带、V 带、圆带、同步带等多种类型（图 4-2）。由于平带传动结构最简单，带轮也容易制造，多应用于中心距较大的场合，而 V 带传动在一般机械中应用最广泛，平带和 V 带传动属于摩擦传动；同步带则为啮合传动，主要用于对传动比要求较为严格的高速、高精度场合。

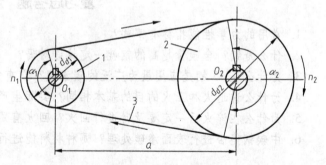

图 4-1 带传动简图

1—主动轮 2—从动轮 3—传动带

（2）带传动的工作原理 由带传动简图（图 4-1）可知，由于环形带的张紧作用，使带与带轮相互压紧。当主动轮转动时，依靠带与带轮接触弧面间的摩擦力，将主动轮的运动和动力传递给从动轮。

带传动（同步带除外）属于摩擦传动，所以带传动的工作能力就取决于摩擦力的大小。带与带轮表面的摩擦因数、预加的张紧力、带与带轮的接触弧长三者都是直接影响带传动能力的因素。其中增大摩擦因数和增加带与带轮的接触弧长（即增大包角）是经常采用的提高带传动能力的办法；而增大预加张紧力，将会加重带的磨损、缩短带的使用寿命，这是不可取的。

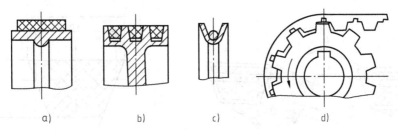

图 4-2　传动带的类型

a）平带　b）V 带　c）圆带　d）同步带

所谓包角，就是带与带轮接触弧长所对应的中心角，常用 α 表示（图 4-1）。包角越大，带与带轮的接触弧长越长，带的传动能力也就越强。由于带传动一般都是减速传动装置，从动轮 2 比主动轮 1 直径大，$α_2$ 也就相应比 $α_1$ 大，所以包角通常是指小轮上的包角 $α_1$，限制 $α_1$ 不能太小，要求 $α_1 \geqslant 120°$。

假定带传动过程中带与带轮之间没有相对滑动现象，则主动轮的圆周速度、带速和从动轮的圆周速度三者相等。设 n_1 和 n_2 分别为主动轮和从动轮的转速，即有 $v = \pi d_1 n_1 = \pi d_2 n_2$（$d_1$ 和 d_2 分别为主动轮和从动轮的直径），把主动轮的转速与从动轮的转速之比叫做传动比，记为 i，则

$$i = n_1 / n_2 = d_2 / d_1$$

即带轮的转速与直径成反比（大轮慢、小轮快）。$i > 1$ 表示为减速运动，在工程中，由于工作部分速度通常要低于原动部分（电动机、内燃机）提供的速度，所以大量使用的是减速传动。

二、带传动的特点及应用

由于传动带是挠性件，又是依靠摩擦力来传动的，所以带传动具有如下特点：

1）富有弹性，能缓冲、吸振，传动平稳，噪声小。

2）当过载时带与带轮会自动打滑，起到过载保护作用，可防止其他零件的损坏。

3）结构简单，制造与维护方便，成本低。

4）不能保证准确的传动比，传动效率低，带的寿命较短。

根据带传动的特点，带传动主要用于传动比要求不太严格、中心距较大的场合以及需要对电动机提供过载保护的场合。一般带传动的传动比 $i \leqslant 7$，传递功率 $P \leqslant 50\text{kW}$，传动效率 $η = 0.90 \sim 0.96$。

三、V 带的型号及选用

1. V 带的结构及型号

V 带是没有接头的环形带，截面形状为梯形，楔角 $θ = 40°$，V 带的两个侧面是工作面。如图 4-3 所示，它由包布 1、底胶 2、抗拉体（承载层）3 和顶胶 4 四部分组成，抗拉体（承载层）是承受载荷的主体，有帘布芯结构（图 4-3a）和绳芯结构（图 4-3b）两种。绳芯结构的 V 带柔韧性好，抗弯强度高，适用于转速较高、带轮直径较小的场合，在生产中使用较多。

普通 V 带已标准化，按截面尺寸由小到大分为 Y、Z、A、B、C、D、E 七种型号。V 带截面示意图如图 4-4 所示。表 4-1 列出了各种型号 V 带的截面尺寸及参数。

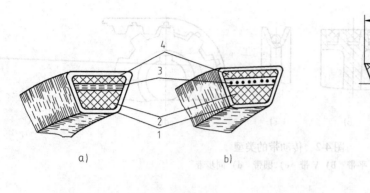

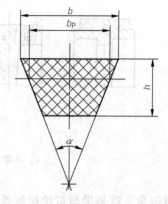

图 4-3　V 带的结构

a）帘布芯结构　b）绳芯结构

1—包布　2—底胶　3—抗拉体（承载层）　4—顶胶

图 4-4　V 带截面示意图

表 4-1　普通 V 带的型号及截面尺寸（GB/T 11544—1997）　　　（单位：mm）

型　号		节宽 b_p	顶宽 b	高度 h	楔角 α
普通 V 带	Y	5.3	6.0	4.0	40°
	Z	8.5	10.0	6.0	
	A	11	13.0	8.0	
	B	14	17.0	11.0	
	C	19	22.0	14.0	
	D	27	32.0	19.0	
	E	32	38.0	23.0	
窄 V 带	SPZ	8	10.0	8.0	40°
	SPA	11	13.0	10.0	
	SPB	14	17.0	14.0	
	SPC	19	22.0	18.0	

注：当 V 带的节面与带轮的基准宽度重合时，基准宽度才等于节宽。

　　当 V 带在带轮上弯曲时，外层受拉而伸长，底层受压而缩短，而在其中必有一个既不受拉、也不受压的中性层，其长度保持不变并称其周线为节线，节线长度是 V 带的基准长度，用 L_d 表示，它是 V 带的公称长度。V 带基准长度的尺寸系列见表 4-2。

表 4-2　普通 V 带基准长度　　　　（单位：mm）

型　号						
Y	Z	A	B	C	D	E
200	405	630	930	1565	2740	4660
224	475	700	1000	1760	3100	5040
250	530	790	1100	1950	3330	5420
280	625	890	1210	2195	3730	6100
315	700	990	1370	2420	4080	6850
355	780	1100	1560	2715	4620	7650

（续）

型 号						
Y	Z	A	B	C	D	E
400	820	1250	1760	2880	5400	9150
450	1080	1430	1950	3080	6100	12230
500	1330	1550	2180	3520	6840	13750
	1420	1640	2300	4060	7620	15280
	1540	1750	2500	4600	9140	16800
		1940	2700	5380	10700	
		2050	2870	6100	12200	
		2200	3200	6815	13700	
		2300	3600	7600	15200	
		2480	4060	9100		
		2700	4430	10700		
			4820			
			5370			
			6070			

普通 V 带的标记是由型号、基准长度和标准号三部分组成的，如基准长度为 1800mm 的 B 型普通 V 带，其标记为：

V 带 B 1800　GB/T 11544

V 带的标记及生产日期通常都压印在带的顶面。

2. V 带型号的选用

V 带型号不同，其截面尺寸不同，传递功率的能力也必然不同，而选择 V 带型号的依据是功率和转速。

传递的功率越大，选择 V 带截面尺寸也应越大。在传递功率一定时，小带轮转速越高，传动带所受的力越小，所以选择 V 带截面尺寸反而应越小。表 4-3 列出了不同型号的单根普通 V 带的最大额定功率。

表 4-3　单根普通 V 带的最大额定功率　　　　　（单位：kW）

带　型	Y	Z	A	B	C	D	E
最大额定功率	0.6	2.3	3.3	6.4	14	35	50

小截面带型可以用较小的带轮直径，使传动结构紧凑，而且可减小离心力的影响，所以应尽可能选择小截面带型。若单根带传递功率不够，可适当增加带的根数。同时应注意小带轮直径不能太小，否则将使带的弯曲应力增大，缩短带的寿命。

第二节 链 传 动

一、链传动的工作原理与类型

链传动由主动链轮 1、从动链轮 2 和绕在链轮上的环形链条 3 组成（图 4-5），依靠链条与链轮轮齿的啮合传递运动和动力，链传动属于啮合传动。

按用途不同链传动可分为传动链、起重链和输送链。传动链用于一般机械中传递运动和动力，起重链用于起重机械中起吊重物，输送链用于运输机械中移动重物。常用的传动链按结构不同又分为滚子链（图4-6a）和齿形链（图4-6b）。滚子链的结构如图4-6a所示，两片内链板1与套筒4采用过盈配合构成内链节，两片外链板2与销轴3采用过盈配合构成外链节。销轴3穿过套筒4，将内链节与外链节交替连接成链条，销轴3与套筒4间为间隙配合，内链节与外链节可相对转动。套筒4和滚子5间也为间隙配合，使链条与链轮啮合时形成滚动摩擦，以减轻磨损。8字形滚子链结构较为简单，并且滚子链已标准化，应用最为广泛。

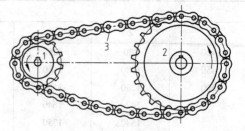

图4-5　链传动

1—主动链轮　2—从动链轮　3—链条

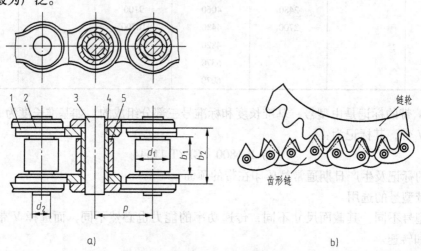

a)

b)

图4-6　滚子链和齿形链

a）滚子链　b）齿形链

1—内链板　2—外链板　3—销轴　4—套筒　5—滚子

滚子链相邻两销轴中心的距离称为链的节距，以 p 表示（见图4-6a），它是滚子链的主要参数。节距越大，链条各部分尺寸也越大，传递的功率也越大。当传递较大的功率时，还可以采用多排链（双排链、三排链等）。链条的长度以链节数表示，链节数最好取偶数，便于链条闭合成环形时内、外链板的连接，接头处可用开口销（图4-7a）或弹簧卡片（图4-7b）连接。否则链节数为奇数时，只能用过渡链节（图4-7c）连接，而过渡链节在工作中不仅受拉力，还要受到附加弯矩的作用，使其强度减弱，

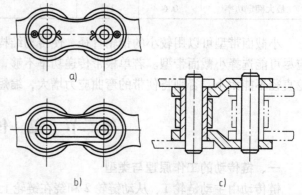

a)

b)

c)

图4-7　链节头的形式

a）开口销式　b）弹簧卡片式　c）过渡链节式

所以应尽量避免使用。

二、链传动的特点及应用

（1）链传动的传动比　取主动链轮的齿数为 z_1、转速为 n_1，从动轮的齿数为 z_2、转速为 n_2，由于链传动是啮合传动，所以主动轮和从动轮在相同时间内转过的齿数是一样的，即 $z_1 n_1 = z_2 n_2$，所以其传动比为

$$i = n_1/n_2 = z_2/z_1$$

即链轮的转速与齿数成反比。

（2）链传动的特点和应用　链传动是有中间挠性件的啮合传动，链传动与其他传动相比，主要有以下特点：

1）与带传动相比，能保证准确的平均传动比，传动效率较高，传动功率大。

2）与齿轮传动相比，链传动结构简单，加工成本低，安装精度要求低，适用于大中心距的传动，能在高温、多尘、油污等恶劣环境中工作。

3）链传动的瞬时传动比不恒定，传动平稳性较差，有冲击和噪声，不宜用于高速和急速反向的场合。

一般链传动的应用范围是：传动比 $i \leq 7$，传递功率 $P \leq 100\text{kW}$，传动效率 $\eta = 0.95 \sim 0.97$，链速 $v \leq 15\text{m/s}$，中心距 $a = 5 \sim 6\text{m}$。

链传动适用于两轴线平行且距离较远、瞬时传动比无严格要求以及工作环境恶劣的场合，链传动多用于轻工机械、运输机械、石油化工机械、农业机械及机床、摩托车、自行车等机械传动上。

第三节　齿轮传动

一、齿轮传动的工作特点与类型

1. 齿轮传动的特点

齿轮传动是现代机械中应用最广泛的一种机械传动形式，它在机床和汽车变速器等机械中被普遍采用。它是通过两个齿轮上的轮齿相互啮合，把运动和动力由一个齿轮直接传递给另一个齿轮，它是典型的啮合传动。齿轮传动的特点有：

1）齿轮传动传递的功率和速度范围大，传递的功率可以从很小到几万千瓦，圆周速度可以从很小至 40m/s。

2）能保证传动比恒定不变，传动平稳、准确、可靠，效率高（$\eta = 0.94 \sim 0.99$）。

3）结构紧凑，种类繁多，寿命长。

4）制造和安装精度较高，需要专用机床和刀具加工，成本较高。

2. 齿轮传动的类型

齿轮传动的类型很多（见图4-8），按照两齿轮轴线的相对位置和齿向分类如下：

（1）平行轴齿轮传动（圆柱齿轮传动）　齿轮的外形为圆柱体，用于传递两平行轴间的运动。根据齿向不同又可分为：

1）直齿圆柱齿轮传动，齿轮轮齿的排列方向与齿轮的轴线平行，它又可分为：

①外啮合齿轮传动（图4-8a），两齿轮的轮齿都排列在圆柱体的外表面上，两齿轮的转动方向相反。

②内啮合齿轮传动（图4-8b），一个齿轮的轮齿排列在圆柱体的外表面上，另一个齿轮的轮齿则排列在圆柱体的内表面上，两齿轮的转向相同。

③齿轮齿条传动（图4-8c），一个齿轮的轮齿排列在圆柱体的外表面上，另一个轮齿排列在平板或直杆上，该带齿的平板或直杆称为齿条。工作时，齿轮转动，齿条做直线运动。

2) 斜齿圆柱齿轮传动（图4-8d），齿轮的轮齿是沿螺旋线方向排列在圆柱体表面上的，它也可以分为外啮合、内啮合和齿轮齿条三种传动形式。

3) 人字齿轮传动（图4-8e），轮齿沿两条方向相反的螺旋线排列在圆柱体表面上。

（2）相交轴齿轮传动（锥齿轮传动） 齿轮的外形是圆锥体的截体（即圆台），它用于传递两相交轴之间（两轴间夹角通常为90°）的运动。按轮齿排列方向，又可以分为直齿锥齿轮传动（图4-8f）、斜齿锥齿轮传动和曲线齿锥齿轮传动（图4-8g）。

（3）交错轴齿轮传动 两轴线在空间交错（既不平行也不相交）的齿轮传动，主要有交错轴斜齿轮传动（图4-8h）和蜗杆传动（图4-8i）。

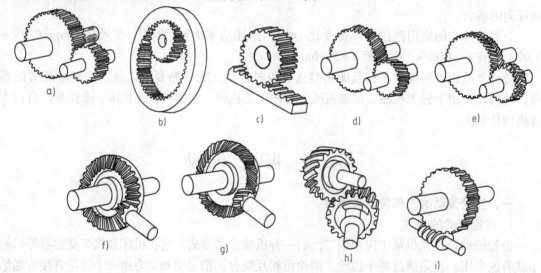

图4-8 齿轮传动的类型

另外，根据齿轮的齿廓曲线形状又可分为渐开线齿轮、摆线齿轮、圆弧线齿轮等。其中渐开线齿轮应用最广，也是本节所要介绍的内容。

二、渐开线齿轮的啮合性质

（1）渐开线齿形 渐开线齿轮的齿廓曲线是渐开线上的一段。在平面内，一条动直线 AB 沿着一个固定的圆作纯滚动（即直线与圆之间无相对滑动）时，此动直线上任意一点 K 的轨迹就是该圆的渐开线。如图4-9所示，半径为 r_b 的圆称为渐开线的基圆，r_b 是基圆半径，动直线 AB 称为渐开线的发生线，K 点的轨迹 CKD 就是渐开线。

由图4-9可知，渐开线的形状取决于基圆的大小。基圆越小，渐开线越弯曲；基圆越大，渐开线越平直；而基圆内部则没有渐开线。

渐开线齿轮上每个轮齿左、右两侧齿廓都是由同一基圆上产生的两条相反且对称的渐开线所组成的，如图4-10所示。

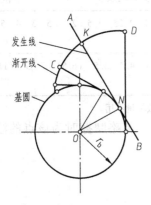

图 4-9 渐开线的形成

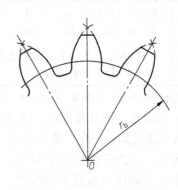

图 4-10 渐开线齿廓

（2）渐开线齿轮的啮合性质 渐开线齿廓相互啮合可保证恒定的传动比，且具有中心距的可分性。

取主动齿轮的齿数为 z_1、转速为 n_1，从动齿轮的齿数为 z_2、转速为 n_2，由于齿轮传动与链传动一样是啮合传动，所以主动轮和从动轮在相同时间内转过的齿数是一样的，即 $z_1 n_1 = z_2 n_2$，所以其传动比为

$$i = n_1/n_2 = z_2/z_1$$

由于渐开线齿轮的啮合性质，决定了渐开线齿轮应用最广泛。渐开线齿轮的参数、几何尺寸、加工刀具及测量等，国家标准也已有了相应的规定。常用的齿轮主要是渐开线齿轮。

三、标准直齿圆柱齿轮几何参数的计算

1. 主要参数

渐开线标准直齿圆柱齿轮的主要参数有三个，即齿数、模数和压力角，齿轮的齿形和几何尺寸都与这三个主要参数有关。

（1）齿数 z 形状相同、沿圆周方向均匀分布的轮齿个数称为齿数，用 z 表示。在加工时，若齿数太少，会使齿根部渐开线被切去（根切），为此通常选 $z \geqslant 17$。

（2）模数 m 如图 4-11 所示，在轮齿顶部与轮齿根部之间，有一个作为计算齿轮各部分尺寸基准的圆，称为分度圆，其直径用 d 表示。相邻两齿同侧齿廓在分度圆上的弧长称为分度圆的齿距（简称齿距），用 p 表示。分度圆的周长则为

$$\pi d = zp \quad 即 \quad d = z(p/\pi)$$

式中 π 为无理数，为计算、制造和测量的方便，规定 p/π 为有理数，并称为模数，用 m 表示，即

$$m = p/\pi$$

模数 m 的单位为 mm，国家标准对模数规定了标准值，见表 4-4。模数越大，轮齿越大，齿轮的几何尺寸也越大，齿轮的承载能力也越强。

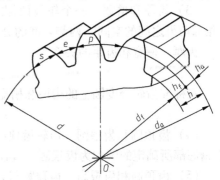

图 4-11 直齿圆柱齿轮
各部分的名称及符号

表4-4　齿轮模数系列（摘自 GB/T 1357—2008）　　　　　　（单位：mm）

第一系列	0.1　0.12　0.15　0.2　0.25　0.3　0.4　0.5　0.6　0.8　1　1.25　1.5　2　2.5　3　4　5　6　8　10 12　16　20　25　32　40　50
第二系列	0.35　0.7　0.9　1.75　2.25　2.75　(3.25)　3.5　(3.75)　4.5　5.5　(6.5)　7　9　(11)　14　18 22　28　(30)　36　45

注：选用模数时应优先采用第一系列，其次是第二系列，括号内的模数尽量不用。

（3）压力角　渐开线齿形上任意点 K 的受力方向线（忽略摩擦时为该点的法线方向）和运动方向线之间的夹角，称为压力角，记为 α_k。由渐开线的形成可知，渐开线上各点的压力角是不相等的，通常所说的压力角，是指分度圆上的压力角，记为 α（图4-12a）。我国国家标准规定：分度圆上的压力角为标准压力角，标准值为 20°（图4-12b）。

压力角是决定渐开线齿形的基本参数。压力角变大，则齿形的齿顶变尖，齿根变粗；反之，齿顶变宽，齿根变细。

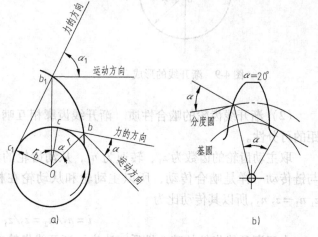

图 4-12　压力角
a）压力角的定义　b）标准压力角

2. 标准直齿圆柱齿轮各部分名称和几何尺寸计算

标准直齿圆柱齿轮各部分名称及符号如图4-11所示。

（1）分度圆　根据模数和压力角的数值，可重新给分度圆下一个完整、确切的定义：分度圆是具有标准模数和标准压力角的圆。分度圆直径

$$d = mz$$

（2）齿距　相邻两齿同侧齿廓在分度圆上的弧长，称为齿距，用 p 表示。由模数定义可知

$$p = \pi m$$

（3）齿厚和槽宽　一个轮齿两侧之间的分度圆弧长，称为齿厚，用 s 表示。一个齿槽（相邻两齿之间的空间）两侧之间的分度圆弧长，称为槽宽，用 e 表示。

齿厚、槽宽和齿距的关系为

$$p = s + e$$

在标准齿轮分度圆上的齿厚和槽宽相等，即

$$s = e = p/2 = \pi m/2$$

（4）齿顶圆和齿根圆　由轮齿顶部所确定的圆称为齿顶圆，用表示 d_a 齿顶圆直径。由齿槽底部所确定的圆称为齿根圆，直径用 d_f 表示齿根圆直径。

（5）齿顶高和齿根高　齿顶圆与分度圆之间的径向距离称为齿顶高，用 h_a 表示。齿根圆与分度圆之间的径向距离称为齿根高，用 h_f 表示。它们都是模数 m 的倍数，其值为

$$h_a = h_a^* m$$

$$h_f = (h_a^* + c^*)m$$

式中　h_a^*——齿顶高系数,对于正常标准齿轮(采用标准模数 m,压力角 $\alpha = 20°$),$h_a^* = 1$;

c^*——顶隙系数,对于正常标准齿轮(采用标准模数 m,压力角 $\alpha = 20°$),$c^* = 0.25$。

由此可知:$h_f > h_a$,这样做是为了避免一个齿轮的齿顶与相啮合的另一个齿轮的齿根相接触,为此留有一定的顶部间隙 c(顶隙 $c = c^* m$)。对于正常标准齿轮的齿顶高和齿根高为

$$h_a = m$$
$$h_f = 1.25m$$

由齿顶高、齿根高计算公式,可推出齿顶圆直径和齿根圆直径的计算公式,即

$$d_a = d + 2h_a$$
$$d_f = d - 2h_f$$

(6)全齿高　齿顶圆和齿根圆之间的径向距离称为全齿高,用 h 表示,显然

$$h = h_a + h_f$$

以上各项均为单个标准直齿圆柱齿轮的几何参数和计算公式。若是一对外啮合直齿圆柱齿轮相互啮合,则还有两个参数:传动比 i 和中心距 a,其计算公式为

$$i = n_1/n_2 = z_2/z_1$$
$$a = (d_1 + d_2)/2 = m(z_1 + z_2)/2$$

一对渐开线直齿圆柱齿轮若想正确啮合,应满足

$$\begin{cases} m_1 = m_2 = m \\ \alpha_1 = \alpha_2 = \alpha \end{cases}$$

即:两齿轮的模数和压力角必须分别相等,并等于标准值。

标准直齿圆柱齿轮的几何尺寸计算公式见表4-5。

表4-5　标准直齿圆柱齿轮的几何尺寸计算

名　称	代号	计 算 公 式	名　称	代号	计 算 公 式
齿距	p	$p = \pi m$	分度圆直径	d	$d = zm$
齿厚	s	$s = p/2$	齿顶圆直径	d_a	$d_a = d + 2h_a$
槽宽	e	$e = p/2$	齿根圆直径	d_f	$d_f = d - 2h_f$
齿顶高	h_a	$h_a = m$	齿宽	b	$b = (6 \sim 12)m$
齿根高	h_f	$h_f = 1.25m$	传动比	i	$i = n_1/n_2 = z_2/z_1$
全齿高	h	$h = h_a + h_f$	中心距	a	$a = (d_1 + d_2)/2 = m(z_1 + z_2)/2$

例4-1　已知一个标准直齿圆柱齿轮,模数 $m = 40mm$,齿数 $z = 40$,试求其各部分尺寸。

解　根据表4-5得

分度圆直径　　　　$d = zm = 40 \times 4mm = 160mm$

齿距　　　　$p = \pi m = 3.14 \times 4mm = 12.56mm$

齿厚和槽宽　　　　$s = e = p/2 = 12.56mm/2 = 6.28mm$

齿顶高　　　　$h_a = m = 4mm$

齿根高　　　　$h_f = 1.25m = 1.25 \times 4mm = 5mm$

全齿高　　　　$h = h_a + h_f = (4 + 5)mm = 9mm$

齿顶圆直径　　$d_a = d + 2h_a = (160 + 2 \times 4)mm = 168mm$

齿根圆直径 $\qquad d_{\mathrm{f}} = d - 2h_{\mathrm{f}} = (160 - 2 \times 5)\,\mathrm{mm} = 150\,\mathrm{mm}$

例4-2 已知一对标准直齿圆柱齿轮外啮合传动,其中心距 $a = 360\,\mathrm{mm}$,传动比 $i = 3$,模数 $m = 10\,\mathrm{mm}$,主动轮转速 $n_1 = 960\,\mathrm{r/min}$,试求两轮的齿数、分度圆直径和从动轮转速。

解 根据传动比和中心距计算公式,可列出二元一次方程组

$$\begin{cases} i = z_2/z_1 \\ a = (z_1 + z_2)\,m/2 \end{cases} \qquad \begin{cases} 3 = z_2/z_1 \\ 360 = (z_1 + z_2) \times 10/2 \end{cases}$$

解方程组得 $\qquad z_1 = 18 \qquad z_2 = 54$

分度圆直径 $\qquad d_1 = z_1 m = 18 \times 10\,\mathrm{mm} = 180\,\mathrm{mm}$

$$d_2 = z_2 m = 54 \times 10\,\mathrm{mm} = 540\,\mathrm{mm}$$

从动轮转速 $\qquad n_2 = n_1/i = (960\,\mathrm{r/min})/3 = 320\,\mathrm{r/min}$

第四节 定 轴 轮 系

一、定轴轮系的功用

由多对齿轮组成的传动装置,称为轮系。各齿轮的几何轴线相对机架都是固定的轮系,称为定轴轮系。图4-13所示为两级圆柱齿轮减速器的定轴轮系,图4-14所示为汽车变速器中的定轴轮系。

定轴轮系的功用主要有:

(1)可获得很大的传动比 一对齿轮传动,受其结构限制,传动比不可能太大(通常 $i \leqslant 8$),而定轴轮系通过多级传动,则可得到很大的传动比。

(2)可实现较远距离的传动 由于一对齿轮的传动比不可能太大,若做较远距离传动,齿轮的几何尺寸必然很大,若采用定轴轮系,则可减少传动装置空间,并能节省材料。

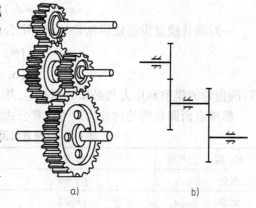

图4-13 两级圆柱齿轮减速器
a)轴测图 b)运动简图

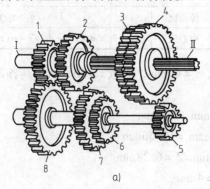

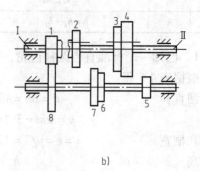

图4-14 汽车变速器
a)轴测图 b)运动简图

（3）可实现变速要求　在不改变主动轴转速条件下，通过滑移齿轮等变速机构，可改变从动轴的转速。如图 4-14 中，通过调整滑移齿轮位置，可使齿轮 5 和齿轮 4 啮合，或齿轮 6 和齿轮 3 啮合，或齿轮 7 和齿轮 2 啮合，从而得到三种不同的传动比，使从动轴获得不同的转速。

（4）可实现变向要求　在主动轮转向恒定的条件下，可用惰轮、三星轮等变向机构实现从动轮的正反转变向要求（图 4-15）。

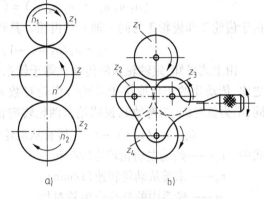

图 4-15　轮系的变向

a) 惰轮机构　b) 三星轮机构

二、定轴轮系传动比的计算

定轴轮系的传动比是指该轮系始端主动轮 1 与末端从动轮 k（或输入轴与输出轴）的转速之比，常用符号 i_{1k} 表示，即

$$i_{1k} = n_1 / n_k$$

对于定轴轮系的传动比计算，既需要求出始末两轮转速比的大小，又需要确定这两轮的转向关系。现以图 4-16 所示的定轴轮系为例介绍定轴轮系传动比的计算。

该定轴轮系为三级传动，分别是齿轮 1 和齿轮 2 啮合，齿轮 3 和齿轮 4 啮合，齿轮 4 和齿轮 5 啮合。其中前两对为外啮合，第三对为内啮合。由上节内容知，外啮合时两齿轮转向相反（图 4-17a），此时可用传动比为"$-$"表示；内啮合时两齿轮转向相同（图 4-17b），则用传动比为"$+$"表示。这样可得出每一对齿轮的传动比分别为

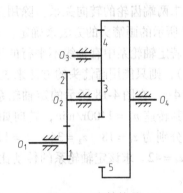

图 4-16　定轴轮系

$$i_{12} = n_1 / n_2 = -z_2 / z_1$$
$$i_{34} = n_3 / n_4 = -z_4 / z_3$$
$$i_{45} = n_4 / n_5 = +z_5 / z_4$$

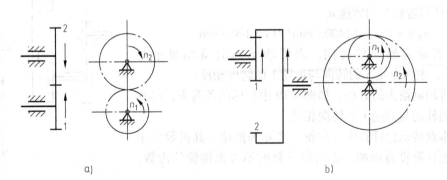

图 4-17　啮合齿轮的转向关系

a) 外啮合齿轮传动　b) 内啮合齿轮传动

将三式连乘后得

$$(n_1 n_3 n_4)/(n_2 n_4 n_5) = (-z_2/z_1)(-z_4/z_3)(+z_5/z_4)$$

由于齿轮 2 和齿轮 3 为同一轴上的齿轮，其转速相同，即 $n_2 = n_3$，所以

$$i_{15} = n_1/n_5 = (-1)^2(z_2 z_4 z_5)/(z_1 z_3 z_4)$$

由上式可知：定轴轮系的传动比等于轮系中所有从动轮齿数乘积与所有主动轮齿数乘积之比，传动比的正负取决于外啮合齿轮对数 m，i_{1k} 为正时（m 为偶数），说明始末两轮转向相同；i_{1k} 为负时（m 为奇数），说明始末两轮转向相反。定轴轮系传动比的一般表达式为

$$i_{1k} = n_1/n_k = (-1)^m(\text{所有从动轮齿数乘积})/(\text{所有主动轮齿数乘积})$$

式中　　n_1——始端主动轮转速（r/min）；

　　　　n_k——末端从动轮转速（r/min）；

　　　　m——轮系中的外啮合齿轮对数。

图 4-16 中的齿轮 4 既是前级的从动轮，又是后级的主动轮，它对传动比的大小不起作用，但能改变末端从动轮的转向，这种齿轮称为惰轮，其应用可见图 4-15。

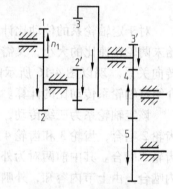

始末两端齿轮的转向关系，除用正负号表示外，还可用图 4-17 所示的画箭头的方法来确定，其结果与用正负号判断相同。若定轴轮系中有轴线不平行的齿轮（如锥齿轮、蜗杆蜗轮等），则只能用画箭头的方法来表示转向关系。

例 4-3　在图 4-18 所示的定轴轮系中，已知齿轮 1 为主动轮，其转速 $n_1 = 1400$ r/min，转向如图 4-18 所示，各齿轮的齿数分别为 $z_1 = 18$，$z_2 = 34$，$z_2' = 17$，$z_3 = 54$，$z_3' = 18$，$z_4 = 24$，$z_5 = 42$。求该定轴轮系的传动比 i_{15} 及齿轮 5 的转速 n_5 和转向。

解　先计算定轴轮系的传动比，再计算齿轮 5 的转速，最后确定齿轮 5 的转向。

图 4-18　定轴轮系传动

1）计算定轴轮系的传动比 i_{15}。该定轴轮系的外啮合齿轮对数 $m = 3$（1 和 2、3′ 和 4、4 和 5），根据传动比计算公式得

$$i_{15} = n_1/n_5 = (-1)^m(z_2 z_3 z_4 z_5)/(z_1 z_2' z_3' z_4)$$
$$= (-1)^3(34 \times 54 \times 24 \times 42)/(18 \times 17 \times 18 \times 24) = -14$$

2）计算齿轮 5 的转速 n_5

$$n_5 = n_1/i_{15} = (1400 \text{r/min})/14 = 100 \text{r/min}$$

3）确定齿轮 5 的转向。由传动比 i_{15} 计算结果中的"$-$"号，说明齿轮 5 的转向与齿轮 1 的转向相反。

也可用画箭头的方法，如图 4-19 中所标的各箭头，得到齿轮 5 的转向与齿轮 1 的转向相反。

在本题传动比计算中，齿轮 4 实际为惰轮，其齿数大小对传动比计算没有影响，也可以计算时不考虑惰轮的齿数，即

$$i_{15} = n_1/n_5 = (-1)^m(z_2 z_3 z_5)/(z_1 z_2' z_3')$$
$$= (-1)^3(34 \times 54 \times 42)/(18 \times 17 \times 18) = -14$$

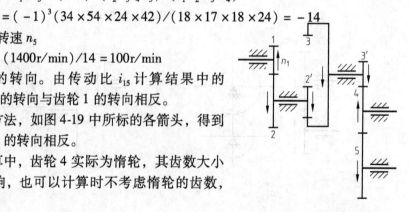

图 4-19　用画箭头的方法判别各轮转向

注意，计算外啮合齿轮对数 m 时不可忽略齿轮 4 的存在，计算结论与上述相同。

复习思考题

1. 带传动的特点有哪些？
2. 同步带有什么特点？它主要使用在哪些场合？
3. 链传动的特点有哪些？
4. 齿轮传动的特点有哪些？
5. 齿轮的哪些几何尺寸与齿轮的模数有关？
6. 为什么说齿轮模数的大小决定了齿轮的承载能力？
7. 定轴轮系的主要功用有哪些？

第五章　常用机构

教学目标　1. 掌握平面四杆机构的类型、组成及应用。
　　　　　　　2. 了解凸轮机构、棘轮机构、槽轮机构的组成及应用。
教学重点　平面四杆机构的类型及组成。
教学难点　平面四杆机构的应用。

一台机器由许多零件所组成，其中一些没有相对运动关系的零件组合称为构件，而具有确定的相对运动关系的构件组合就称为机构。机构的主要功用在于传递运动、动力或转变运动形式，所以也可以说机器是由一系列作用不同的机构所组成的。常用的机构有铰链四杆机构、凸轮机构、间歇运动机构及前一章中的带传动机构、齿轮传动机构等。

第一节　铰链四杆机构

一、铰链四杆机构的类型

（1）铰链四杆机构的组成　图 5-1a 所示的剪刀机是铰链四杆机构的一种具体应用。图中 AD 为固定不动的杆，称为机架；AB 杆和 CD 杆通过铰链与机架相连接，称为连架杆；BC 杆通过铰链分别与 AB 杆和 CD 杆相连接，且不与机架直接相连，称为连杆。工作时，AB 杆转动一周，通过 BC 杆带动 CD 杆绕 D 点往复摆动一次，刀口就一开一合地完成剪断工作。这种由四个构件通过铰链连接而成的机构称为铰链四杆机构。

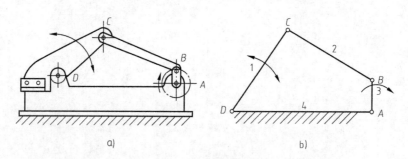

图 5-1　铰链四杆机构
a）剪刀机示意图　b）铰链四杆机构简图
1、3—连架杆　2—连杆　4—机架

为了研究和讨论问题方便，用四条线段分别代表四个杆件，画成铰链四杆机构简图，如图 5-1b 所示。

图 5-1b 中的连架杆 3 能绕其回转中心 A 做整周转动，称为曲柄；连架杆 1 只能对回转中心 D 做往复摆动，则称为摇杆。

（2）铰链四杆机构的类型　铰链四杆机构中，机架和连杆总是存在的，根据两个连架杆的运动形式（能做整周转动，还是只能往复摆动），将铰链四杆机构分为三种基本形式：

1）曲柄摇杆机构：即两连架杆中一个可做整周转动，另一个只能往复摆动。

2）双曲柄机构：即两个连架杆都能做整周转动。

3）双摇杆机构：即两连架杆都只能做往复摆动。

二、铰链四杆机构的组成条件、运动特性及应用

1. 曲柄摇杆机构的形成

在铰链四杆机构中，曲柄是否存在，取决于机构中四个构件的相对尺寸和机架的选择。

图 5-2 所示为一个曲柄摇杆机构，其中 AB 为曲柄，BC 为连杆，CD 为摇杆，AD 为机架。各杆长度分别以 $AB = a$、$BC = b$、$CD = c$、$AD = d$ 来表示。

由图 5-2 可知，要使曲柄 AB 能整周转动，就必须保证曲柄 AB 能通过 B_1AC_1 和 AB_2C_2 两次与连杆 BC 共线的位置，此时摇杆 CD 相应处于 C_1D 和 C_2D 两个极限位置上，分别形成 $\triangle AC_1D$ 和 $\triangle AC_2D$。根据三角形两边之和必大于第三边的关系，得

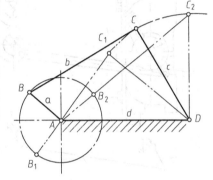

图 5-2　曲柄摇杆机构

$$b - a + c > d \qquad a + d < b + c$$
$$b - a + d > c \quad 即 \quad a + c < b + d$$
$$a + b < c + d \qquad a + b < c + d$$

考虑到杆 AB、杆 BC 和杆 CD 重合为一条直线时的极限情况，可写成如下形式

$$a + d \leqslant b + c$$
$$a + c \leqslant b + d$$
$$a + b \leqslant c + d$$

将上式中的三个不等式两两相加化简后可得

$$a \leqslant b$$
$$a \leqslant d$$
$$a \leqslant c$$

由此可知，铰链四杆机构中，要使连架杆 AB 为曲柄，它必须是四杆中的最短杆，且最短杆与最长杆长度之和应小于或等于其余两杆长度之和。所以，要形成曲柄摇杆机构，首先必须满足曲柄存在的杆长关系条件（最短杆与最长杆长度之和应小于或等于其余两杆长度之和），其次要取最短边的邻边为机架。前者是曲柄存在的条件，后者是形成曲柄摇杆机构的条件。

2. 曲柄摇杆机构的运动特性及应用

曲柄摇杆机构的运动特性主要有急回特性和死点位置。

（1）急回特性　在图 5-2 所示的曲柄摇杆机构中，当以曲柄 AB 杆为主动件作顺时针匀速转动时，摇杆 CD 的往复摆动速度并不相同。当摇杆从位置 C_1D 摆动至位置 C_2D 时，取其平均速度为 v_1，对应曲柄从 B_1 转至 B_2，转角大于 $180°$，经过时间为 t_1。而当摇杆从位置 C_2D 摆动回位置 C_1D 时，取平均速度为 v_2，这时曲柄从 B_2 转至 B_1，转角小于 $180°$，经过时

间为 t_2。因为曲柄是匀速转动的，所以对应时间 $t_1 > t_2$。而摇杆往复摆动弧长 $\overparen{C_1C_2}$ 是不变的，所以

$$v_1 = \overparen{C_1C_2}/t_1 < v_2 = \overparen{C_1C_2}/t_2$$

说明曲柄做匀速转动时，摇杆的返回速度比前进速度快，称为急回运动特性。

在某些机械中，常利用曲柄摇杆机构的急回特性来缩短空回行程的时间，以提高生产率。如图 5-3 所示的牛头刨床进给机构、图 5-4 所示的液体搅拌器机构及图 5-1 所示的剪刀机等。

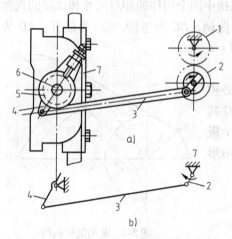

图 5-3 牛头刨床进给机构

a）进给机构 b）运动简图

1—齿轮 2—齿轮（曲柄） 3—连杆
4—摇杆 5—棘轮 6—丝杠 7—机架

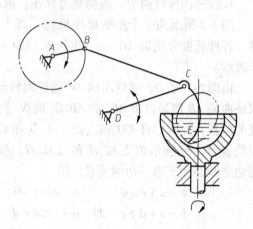

图 5-4 液体搅拌器机构

（2）死点位置 在图 5-2 所示的曲柄摇杆机构中，当以摇杆 CD 杆为主动件时，该机构能将摇杆 CD 的往复摆动转变为曲柄 AB 的整周转动。但在摇杆摆到极限位置 C_1D 和 C_2D 时，连杆 BC 与曲柄 AB 共线，此时通过连杆 BC 传给曲柄 AB 的作用力将通过铰链中心 A，此力对 A 点力矩为零，因此不能使曲柄 AB 转动，机构的这种位置称为"死点位置"。在机构中，死点位置将使机构的从动件出现卡死或运动不确定的现象。如家用缝纫机踏板机构中，若踏板处于极限位置时，无论用多大力去踩踏板，都无法产生运动。为了消除死点位置的不良影响，可对从动曲柄施加外力，或利用构件自身及飞轮的惯性作用来保证机构顺利通过死点位置。

死点位置对传动是有害的，但在某些场合却可实现一定的工作要求。如图 5-5a 所示的钻床夹具的夹紧机构和图 5-5b 所示的飞机起落架机构，就是利用死点位置完成夹紧工件和保持支撑作用。

3. 双曲柄机构和双摇杆机构

在铰链四杆机构中，若两个连架杆都能做整周转动（有两个曲柄）时，称为双曲柄机构，如图 5-6 所示的机车主动轮联动装置。双摇杆机构是两个连架杆都只能作摆动，机构中无曲柄存在，如图 5-7 所示的港口用起重机和自卸载重汽车的翻斗机构。

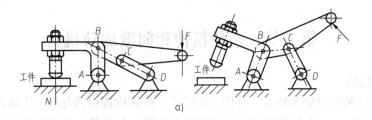

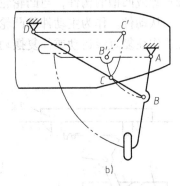

图 5-5 死点位置的利用

a) 钻床夹具　b) 飞机起落架

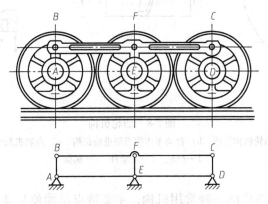

图 5-6 机车主动轮联动装置

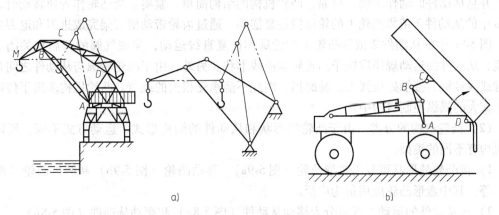

图 5-7 双摇杆机构的应用

a) 港口用起重机　b) 自卸载重汽车的翻斗机构

第二节　凸轮机构和间歇运动机构

一、凸轮机构

（1）凸轮机构的组成和特点　如图5-8所示，凸轮机构由凸轮1、从动件2和机架3三个构件组成。凸轮是一个具有曲线轮廓或凹槽的构件，与凸轮轮廓相接触并在凸轮轮廓驱动下传递动力和实现运动的构件，称为从动件。作为主动件的凸轮作等速回转运动或往复直线运动，控制从动件按预定的运动规律作往复直线运动或往复摆动。

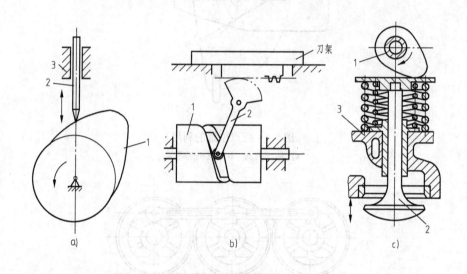

图5-8　凸轮机构

a）凸轮机构简图　b）自动车床横刀架进给机构　c）内燃机配气机构

1—凸轮　2—从动件　3—机架

凸轮机构是机械设备中的一种常用机构，主要特点是能使从动件获得较复杂的运动规律，并且从动件的动作准确、可靠，凸轮机构的结构简单、紧凑。当凸轮作等速转动时，图5-8b中的从动件2依靠凸轮1的轮廓做往复摆动，通过齿轮带动横刀架完成进刀和退刀的动作；图5-8c中的从动件2依靠凸轮1的轮廓作往复直线运动，实现气阀的开启和关闭。所以说，从动件的运动规律取决于凸轮轮廓曲线形状。另外，由于凸轮轮廓与从动件之间是点接触或线接触，接触处压强大，易磨损，因此不能承受很大的载荷。凸轮机构多用于传递动力不太大的操纵控制机构中。

（2）凸轮机构的分类　由于凸轮的形状和从动件的结构形式、运动方式不同，所以凸轮机构有不同的类型。

1）按凸轮的形状可分为盘形凸轮（图5-9a）、移动凸轮（图5-9b）和圆柱凸轮（图5-9c）等，其中盘形凸轮应用最为广泛。

2）按从动件的运动方式可分为移动从动件（图5-8a）和摆动从动件（图5-8b）。

3）按从动件的形式可分为尖顶从动件（图5-10a）、滚子从动件（图5-10b）和平底从动件（图5-10c）等。

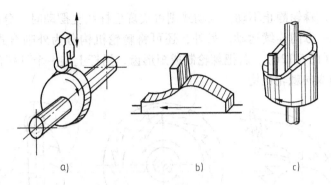

图 5-9　凸轮的形状

a）盘形凸轮　b）移动凸轮　c）圆柱凸轮

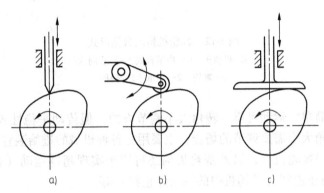

图 5-10　从动件的形状

a）尖顶从动件　b）滚子从动件　c）平底从动件

二、棘轮机构和槽轮机构

1. 间歇运动机构的类型

间歇运动机构是一种将主动件的连续转动变换为从动件周期性的运动和停歇的机构。常用类型有：棘轮机构、槽轮机构、不完全齿轮机构（如电度表中的计数机构）等。

2. 棘轮机构

棘轮机构由棘爪、棘轮和机架所组成。工作时，棘爪往复摆动或移动，带动棘轮向一个方向转动。图 5-11 所示为单向棘轮机构，当主动件曲柄 4 连续转动时，摇杆 3 连同棘爪 2 左、右摆动。在向左摆动时，棘爪 2 插入棘轮 1 的相应齿槽中，推动棘轮 1 逆时针转过某一角度；当向右摆动时，棘爪 2 在棘轮 1 齿背上滑过，同时止回爪 5 插在齿槽中阻止棘轮 1 顺时针返回，而使棘轮 1 静止不动，曲柄的连续转动就转变为棘轮的间歇运动。

按照结构特点，棘轮机构可分为单动式（图 5-11）和双动式（图 5-12a）。单动式的特点是摇杆向

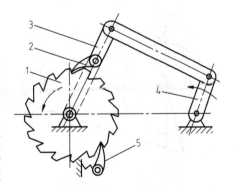

图 5-11　棘轮机构

1—棘轮　2—棘爪　3—摇杆
4—曲柄　5—止回爪

某一个方向摆动时，棘轮静止不动。双动式则可实现摇杆往复摆动时，分别带动大棘爪或小棘爪推动棘轮沿单一方向连续运动。另外，还可将棘轮机构分为外啮合式（图5-11、图5-12a）和内啮合式（图5-12b）。若把棘轮制成矩形齿，摇杆上装一个可翻转的双向棘爪（见图5-12c），则成为双向棘轮机构。

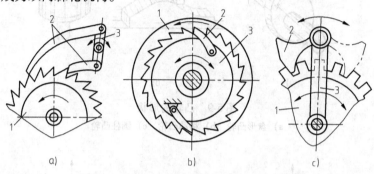

图 5-12　棘轮机构的常见形式
a）双动式　b）内啮合式　c）双向式
1—棘轮　2—棘爪　3—摇杆

棘轮机构结构简单、运动可靠，转角大小调节方便，但传动平稳性较差。适用于低速、轻载、转角小或转角大小需要调节的场合，主要用在各种机械的进给装置中，如牛头刨床进给机构就采用了双向棘轮机构，另外棘轮机构还可用于实现超越运动（自行车的后轮轴内啮合棘轮机构）、防止逆转（卷扬机中的棘轮停止器）等。

调节棘轮转角大小可用如图5-13所示的调节棘爪摆角的方法，它是利用曲柄摇杆机构的摇杆上的棘爪1带动棘轮2作间歇运动的，通过转动调节螺杆3来实现曲柄长度 r 的增大或减小，而使摇杆摆角大小得到改变，从而控制棘轮的转角。还可用如图5-14所示的使用遮板的方法，在棘轮外罩上一个带有缺口的遮板3，它是不随棘轮1一起转动的。当变更遮板缺口位置时，可使棘爪2行程的一部分在遮板圆弧面上滑过，不与棘轮的轮齿相接触，从而达到调节棘轮转角大小的目的。图5-14所示的结构，不仅可以用来调节棘轮转角大小，而且如把棘爪提起后转过180°改变其工作面的方向，可以改变棘轮的转向。

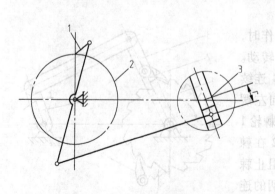

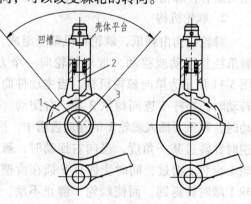

图 5-13　调节棘爪摆角控制棘轮的转角
1—棘爪　2—棘轮　3—调节螺杆

图 5-14　使用遮板控制棘轮的转角
1—棘轮　2—棘爪　3—遮板

3. 槽轮机构

图 5-15 所示为外啮合槽轮机构，它由带有圆销 A 的主动拨盘 1、具有径向槽的从动槽轮 2 和机架所组成。

槽轮机构工作时，主动件连续转动，当拨盘 1 上的圆销 A 未进入槽轮 2 的径向槽时，槽轮的内凹圆弧（槽轮锁止凹弧）$\overset{\frown}{efg}$ 被拨盘上的外凸圆弧（拨盘锁止凸弧）卡住，此时槽轮静止不动。当圆销开始进入径向槽时（图 5-15a），槽轮的内凹圆弧被松开，因此圆销推动槽轮作与拨盘方向相反的转动。当圆销从槽轮的径向槽脱出时（图 5-15b），槽轮上的另一段内凹圆弧又被拨盘上的外凸圆弧卡住，致使槽轮又静止不动，直至拨盘上的圆销再次进入槽轮上的下一个径向槽时，两者又重复以上的运动循环。这样，就把主动拨盘的连续转动转变成从动槽轮的单向间歇运动。

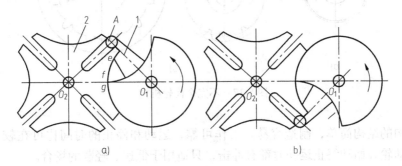

图 5-15　外啮合槽轮机构

1—主动拨盘　2—从动槽轮

除外啮合形式外，还有内啮合槽轮机构。槽轮机构结构简单，工作可靠，效率较高。与棘轮机构相比，运转平稳，能准确控制转角的大小，但不能调节槽轮的转角。槽轮机构广泛用于自动化机械中。

图 5-16a 所示为转塔车床刀架转位装置中的槽轮机构，图 5-16b 所示为电影放映机中用以间歇走片的槽轮机构。

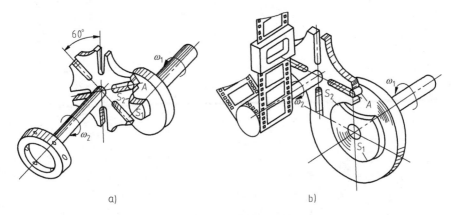

图 5-16　槽轮机构的应用

a）刀架转位机构　b）放映机走片机构

三、不完全齿轮机构

不完全齿轮机构是由齿轮机构演变而得的一种间歇运动机构,由只有一个齿(图 5-17a)或几个齿(图 5-17b)的主动轮 1,与根据动停时间要求而做出的从动轮 2 组成,可将主动轮的连续回转运动转变成从动轮的间歇回转运动。

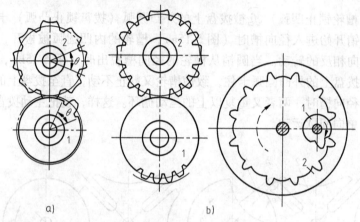

图 5-17 不完全齿轮机构

此种机构的结构简单,制造容易。工作可靠,运动和停止的时间比可在较大范围内变化,但在从动轮开始和终止运动时都有冲击,只适用于低速、轻载的场合。

复习思考题

1. 铰链四杆机构有哪几种基本形式?
2. 为什么说铰链四杆机构是实际工程中使用较多的机构?它有何特点?
3. 铰链四杆机构可以做哪些演变?会形成哪些机构?
4. 凸轮机构的主要缺点有哪些?
5. 棘轮机构和槽轮机构为什么在实际生产中使用不是很多?

第六章　连　　接

教学目标　1. 了解键和销的种类、特点及应用场合。

2. 了解螺纹联接的种类、特点及应用场合。

3. 掌握螺纹的防松措施。

4. 掌握轴承的类型、特点及应用场合。

5. 了解联轴器、离合器、制动器的类型、特点及应用场合。

6. 了解焊接的类型、特点及应用。

7. 掌握常用的焊接方法。

教学重点　轴承的类型、特点及应用场合。

教学难点　常用的焊接方法与螺纹的防松措施。

机器设备都是由各种零件装配而成的，因此零件之间就具有不同形式的连接。根据连接件之间是否存在相对运动，连接形式可分为动连接和静连接；根据不影响使用性能前提下是否允许拆装，又分为可拆连接和不可拆连接。

第一节　键、销及其联接

一、键及其联接

键联接主要用于联接轴和轴上零件（如带轮、齿轮等），实现零件的周向固定并传递转矩。因为键联接的结构简单、工作可靠、拆装方便，并且键是标准件，所以在机械中应用极广。键联接按键在联接中的松紧状态分为紧键联接和松键联接两类。

（1）紧键联接　楔键联接（图6-1）和切向键联接（图6-2）均属于紧键联接。这种键的上表面和下表面是工作面，并且其中一个工作面为斜面（斜度为1/100），工作时利用斜面的楔紧作用产生摩擦力，来传递转矩，并能承受单向的轴向力，起到一定的轴向固定作用。楔键又分为普通楔键（图6-1a）和钩头型楔键（图6-1b）两种；切向键则由两个普通楔键组成，装配时两个楔键分别自轮毂的两端楔入。

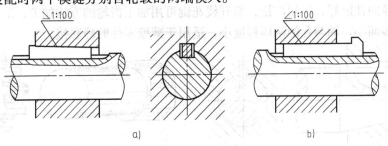

图6-1　楔键联接

a）普通楔键联接　b）钩头型楔键联接

（2）松键联接　松键联接依靠键的两个侧面为工作面来传递转矩，键的上表面与轮毂键槽底面间有间隙。松键联接包括平键联接和半圆键联接，其中平键联接应用最多。

1）如图 6-3a 所示，平键是矩形截面的联接件，使用时装在轴和零件轮毂的键槽内。平键分为普通平键和导向平键两类。根据平键的头部形状不同，普通平键有圆头（A 型）、平头（B 型）和单圆头（C 型）三种（图 6-3b）。其中 A 型圆头平键因为在键槽中不会发生轴向移动，应用最多。导向平键是用螺钉将键固定在轴上，键与轮

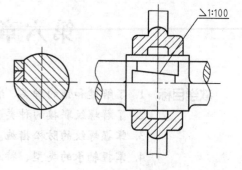

图 6-2　切向键联接

毂键槽之间采用间隙配合，从而使轴上零件能做轴向移动（见图 6-3c）。由于键是标准件，故只需根据轴的直径从标准中选择平键的宽度尺寸和高度尺寸，而平键的长度应略小于轮毂长度，并符合标准中的长度系列要求。

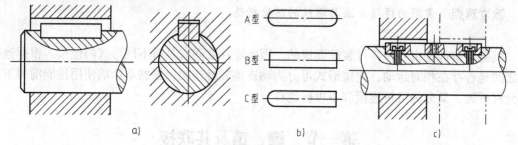

图 6-3　平键联接
a）普通平键联接　b）普通平键种类　c）导向平键联接

2）半圆键联接如图 6-4 所示。半圆键能在轴的键槽内摆动，以适应轮毂键槽底面的斜度，主要用于锥形轴端的联接。

（3）花键联接　平键联接的承载能力低，轴被削弱和应力集中的程度都较严重。若将多个平键与轴形成一体，便是花键轴（图 6-5a），同它相配合的是内花键（图 6-5b）。花键轴与内花键组成的联接，称为花键联接，如图 6-6 所示。与平键联接相比，花键联接承载能力强，并且有良好的定心精度和导向性能，适用于定心精度要求高、载荷大或轴与孔有相互滑动的联接。花键联接的缺点是需要采用专门设备加工，生产成本较高。花键按齿形分有：矩形花键（图 6-6a）、渐开线花键（图 6-6b）和三角形花键（图 6-6c）。矩形花键的齿形简单，精度和导向性能好，应用广泛；渐开线花键可用加工齿轮的方法加工，工艺性好；三角形花键的齿多而小，轴与孔的削弱程度小，适用于薄壁零件的静联接。

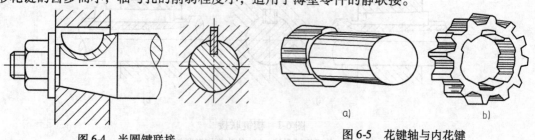

图 6-4　半圆键联接

图 6-5　花键轴与内花键
a）花键轴　b）内花键

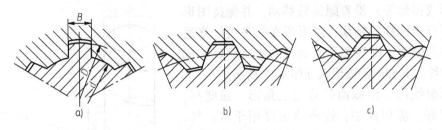

图 6-6　花键联接

a）矩形花键　b）渐开线花键　c）三角形花键

二、销及其联接

销也是标准件，主要有圆柱销、圆锥销和安全销等（图 6-7）。

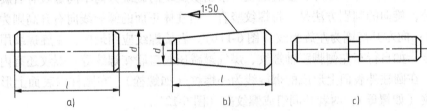

图 6-7　销的形状

a）圆柱销　b）圆锥销　c）安全销

销联接的用途主要是：用来确定零件间的相互位置，即起定位作用（图 6-8a），此时销一般不承受载荷，应用时通常不少于 2 个；承受不大的载荷，用来传递横向力或转矩（图6-8b）；起过载保护作用，当连接过载时，销被切断，从而保护被连接件不被损坏（见图 6-8c）。

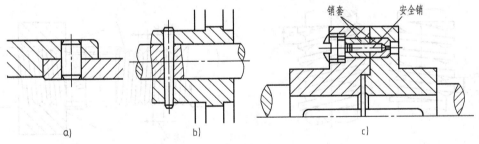

图 6-8　销的用途

a）定位　b）传力　c）过载保护

第二节　螺纹联接

一、螺纹的基本参数

1. 螺纹的形成和种类

将一直角三角形绕到一个圆柱体的表面上，并使三角形的底边与圆柱体底面圆周重合，三角形斜边即在圆柱体表面上形成一条螺旋线（图6-9）。若用另一个平面图形（等边三角形、矩形或梯形等）沿着螺旋线移动，并保持图形的一边平行于圆柱的轴线，图形所在的平面始终通过圆柱体的轴线，则该图形所描出的轨迹面就形成相应的螺纹。其轴向剖面形状如图6-10所示。

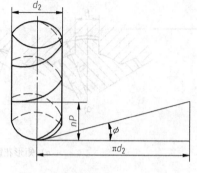

图6-9 螺旋线的形成

普通螺纹的牙型截面是等边三角形，强度高，自锁性能好，应用最多。管螺纹主要用于水、气、油和电气等管路系统中的联接，管螺纹又分为非密封管螺纹和密封管螺纹。矩形螺纹和梯形螺纹主要用于螺旋传动。

按照螺旋线的根数（线数），螺纹可分为单线（图6-11a）、双线（图6-11b）、多线螺纹。根据螺旋线的旋绕方向不同螺纹有右旋螺纹和左旋螺纹之分，旋向的判别方法是：将螺纹竖直，圆柱体正面的螺旋线向右升高则为右旋螺纹（图6-11a）；向左升高则为左旋螺纹（图6-11b）。右旋螺纹应用最广，左旋螺纹用于有特殊要求的场合，如自行车左侧脚蹬轴螺纹、煤气罐减压阀口联接螺纹等。螺纹还有内螺纹和外螺纹之分，在圆柱外表面上形成的螺旋线为外螺纹（如螺栓），在圆柱内表面上形成的螺旋线为内螺纹（如螺母），两者共同组成螺纹副（图6-12）。

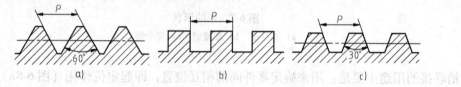

图6-10 螺纹的种类

a）普通螺纹 b）矩形螺纹 c）梯形螺纹

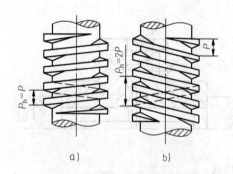

图6-11 螺纹的线数和旋向

a）单线右旋螺纹 b）双线左旋螺纹

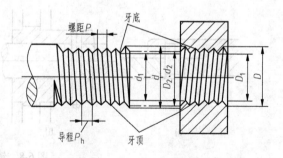

图6-12 内螺纹和外螺纹

2. 螺纹的主要参数

如图6-12所示，螺纹的主要参数有：

大径 $d(D)$——螺纹的最大直径，也是螺纹的公称直径（外螺纹用 d 表示，内螺纹用 D 表示），它是指外螺纹牙顶或内螺纹牙底的直径。

小径 $d_1(D_1)$——螺纹的最小直径,它是指外螺纹牙底或内螺纹牙顶的直径。

中径 $d_2(D_2)$——指一个假想圆柱体的直径,这个圆柱的表面所截的螺纹牙厚和牙间宽度相等。

螺距 P——相邻两牙间的轴向距离。螺纹大径相同时按螺距的大小可分为粗牙螺纹和细牙螺纹。

导程 P_h——同一条螺旋线上相邻两牙间的轴向距离。导程、螺距和线数之间的关系为: $P_h = nP$(n 为螺纹的线数)。

牙型角 α——轴向剖面内螺纹牙型两侧边之间的夹角。

二、螺纹联接类型及应用

螺纹联接有四种基本类型(图6-13)。

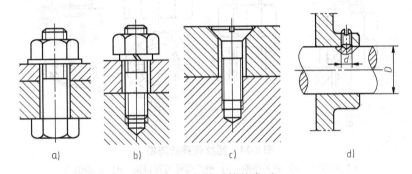

图6-13　螺纹联接的类型
a)螺栓联接　b)双头螺柱联接　c)螺钉联接　d)紧定螺钉联接

1)螺栓联接如图6-13a所示,其结构特点是螺栓穿过被连接件的通孔后用螺母紧固。这种连接对通孔的加工精度要求低,结构简单,装拆方便,应用最广泛。

2)双头螺柱联接如图6-13b所示,其结构特点是螺柱两端都有螺纹,一端与被连接件配合,另一端与螺母配合。这种连接适用于被连接件之一较厚或必须采用不通孔的场合,拆卸时只需拧下螺母,减少了对被连接件孔内螺纹的损坏。

3)螺钉联接如图6-13c所示,螺钉联接不用螺母,直接拧入被连接件体内的螺纹孔中,结构简单,但受力不大,并且不宜经常装拆,以免损坏孔内螺纹。

4)紧定螺钉联接如图6-13d所示,它常用以固定两零件间的位置,并可传递不太大的力或转矩,它的末端与被连接件表面顶紧,所以末端要具有一定的硬度。

三、螺纹联接的预紧和防松

1. 螺纹联接的预紧

预紧的目的是为了防止工作时联接出现缝隙和滑移,以保证联接的紧密性和可靠性。拧紧力矩 $T(\text{N} \cdot \text{mm})$ 和螺栓轴向预紧力 $F_o(\text{N})$ 间的关系为

$$T \approx 0.2 F_o d$$

式中　d 为螺纹大径(mm)。

通常拧紧力矩由操作者手感决定,但不易控制,会将直径小的螺栓拧断或将螺纹拧坏。对于重要的螺纹联接,应按上式计算出拧紧力矩并使用指针式扭力扳手或定力矩扳手来控制。

2. 螺纹联接的防松

普通联接螺纹螺旋面之间的摩擦力，在一般情况下可以保证螺纹联接的自锁可靠，不会自行松动。但如受有冲击、振动等变载作用或温度变化时，会使螺旋副间的预紧力瞬时消失，使联接失去自锁性能而产生松动。因此，在一些场合为了确保锁紧，必须采取一定的防松措施。螺纹联接的防松原理就是阻止内、外螺纹间产生相对运动，常用的防松方法有靠增大摩擦力方式的双螺母（图6-14a）、弹簧垫圈（图6-14b）等，利用防松元件方式的槽形螺母与开口销（图6-14c）、止动垫圈（图6-14d）等，使用附加材料实行永久制动方式的焊接、粘接等。

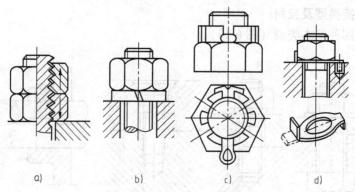

图 6-14　螺纹联接的防松
a）双螺母　b）弹簧垫圈　c）槽形螺母与开口销　d）止动垫圈

第三节　轴承和联轴器

轴承的功用是支撑做旋转运动的轴（包括轴上的零件），保持轴的旋转精度和减小轴颈（轴与轴承的配合部位称为轴颈）与支承面之间的摩擦和磨损。

按轴与轴承间的摩擦形式，轴承可分为两大类：滑动轴承和滚动轴承。图6-15a所示为滑动轴承的结构原理图。滑动轴承工作时，轴与轴承间存在着滑动摩擦，为减小摩擦与磨损，在轴承内常加有润滑剂。图6-15b所示为滚动轴承的结构原理图，滚动轴承内有滚动体，运行时轴承内存在着滚动摩擦。与滑动轴承相比，滚动轴承的与磨损较小。

一、滑动轴承

滑动轴承适用于要求不高或有特殊要求的场合，如：转速很高，承载很重，回转精度很高，承受巨大冲击和振动，轴承结构需要剖分，径向尺寸很小等的场合。在金属切削机床、内燃机、汽轮机、机车车辆、建筑机械以及矿山机械中的搅拌机和粉碎机中经常使用滑动轴承。

滑动轴承按其承受载荷的方向不同可分为径向滑动轴承和止推滑动轴承两大类，前者承受径向载荷，后者承受轴向载荷。若将二者组合设计在轴的某一个支点上或设计成

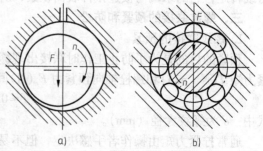

图 6-15　轴承的结构原理图
a）滑动轴承　b）滚动轴承

圆锥面孔型，即可使一个支点既承受径向力又承受轴向力。径向轴承和止推轴承视轴及轴承装拆的需要，可设计成整体式或剖分式。整体式径向轴承（图6-16a）的特点是结构简单，成本低，但磨损后无法调整轴颈与轴瓦之间的间隙。在装拆这种轴承时，轴或轴承座必须做轴向移动，从而限制了它的使用范围，一般用于低速、轻载及间歇工作的场合。剖分式径向轴承（图6-16b）的轴承座和轴瓦都采用了剖分式结构，从而克服了整体式轴承拆装不便的缺点，轴颈与轴瓦的间隙在一定范围内可以调整。当有直径与轴瓦端面外径相当的轴肩抵住轴瓦端面时，可承受其大小不超过径向载荷的40%的轴向载荷。在使用过程中，为了减少摩擦，提高轴瓦的寿命，对滑动轴承要进行润滑。

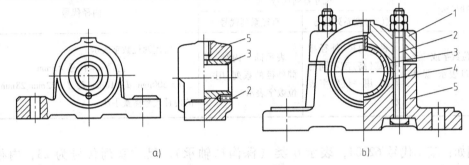

图 6-16　径向滑动轴承
a）整体式　b）剖分式
1—轴承盖　2—螺栓（螺钉）　3、4—轴瓦　5—轴承座

二、滚动轴承

如图6-17所示，滚动轴承一般由外圈1、内圈2、滚动体3和保持架4组成，工作时，内圈与轴颈配合，外圈与轴承座或机架配合。一般内、外圈均设有滚道，当内、外圈相对旋转时，滚动体沿内、外圈上的滚道滚动。滚动体有多种形式，以适合不同类型滚动轴承的结构要求，常用的滚动体有球（图6-18a）、圆柱滚子（图6-18b）、圆锥滚子（图6-18c）、球面滚子（图6-18d）和滚针（图6-18e）等。保持架的作用是把滚动体均匀隔开，避免滚动体相互接触，以减小摩擦和磨损。滚动轴承具有摩擦阻力小，灵敏，效率高，润滑简便，互换性好等优点，并且已标准化。其缺点是抗冲击能力较差，高速时易出现噪声，工作寿命也不及液体润滑的滑动轴承。滚动轴承适用范围十分广泛，一般速度和一般载荷的场合都可采用。

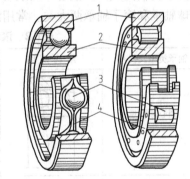

图 6-17　滚动轴承
1—外圈　2—内圈　3—滚动体　4—保持架

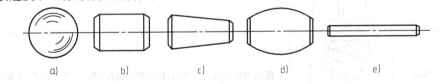

图 6-18　常用的滚动体
a）球　b）圆柱滚子　c）圆锥滚子　d）球面滚子　e）滚针

1. 滚动轴承的代号

按照 GB/T 272—1993 的规定，滚动轴承的代号由基本代号、前置代号和后置代号三部分组成，排列顺序如下：

$$\boxed{前置代号}\quad\boxed{基本代号}\quad\boxed{后置代号}$$

基本代号表示滚动轴承的基本类型、结构和尺寸，一般用五个数字或字母表示类型代号、尺寸系列代号和内径代号，其组成顺序及其意义见表 6-1。

表 6-1 滚动轴承的基本代号

类型代号	尺寸系列代号		内径代号
	宽(高)度系列代号	直径系列代号	
用一位数字或一至两个字母表示，见表6-2	表示内径、外径相同，宽(高)度不同的系列，用一位数字表示	表示同一内径，不同外径的系列，用一位数字表示	通常用两位数字表示 内径 d = 代号 $\times 5$ mm $d > 500$ mm、$d < 10$ mm 及 $d = 22$ mm、28 mm、32 mm 的内径代号需查手册

例如：基本代号 62304，表示 6 类（深沟球轴承），尺寸系列代号为 23，内径 $d = 20$ mm。基本代号 71108，表示 7 类（角接触球轴承），尺寸系列代号为 11，内径 $d = 40$ mm。基本代号 N211，表示 N 类（圆柱滚子轴承），尺寸系列代号为 02，内径 $d = 55$ mm。

2. 滚动轴承的基本类型

滚动轴承按承载方向分为向心轴承和推力轴承，向心轴承主要承受径向载荷，推力轴承主要承受轴向载荷。滚动体是滚动轴承结构中的关键零件，按滚动体的形状可将滚动轴承分为球轴承和滚子轴承两大类。常用滚动轴承的基本类型、代号及主要特性见表 6-2。

表 6-2 滚动轴承的基本类型、代号及主要特性

轴承类型及代号	结构简图	主要特性及应用
调心球轴承 1		主要承受径向载荷，同时也能承受少量轴向载荷。因为外圈滚道表面是以轴承中心为中心的球面，故能自动调心
调心滚子轴承 2		能承受很大的径向载荷和少量轴向载荷。承载能力大，具有自动调心性能
圆锥滚子轴承 3		能同时承受较大的径向、轴向联合载荷，内、外圈可分离，装拆方便，可调整轴承的间隙，一般成对使用

(续)

轴承类型及代号	结构简图	主要特性及应用
推力球轴承 5	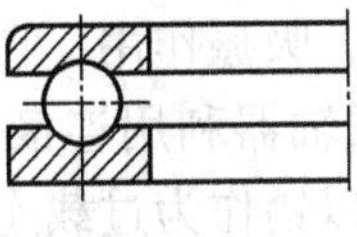	只能承受轴向载荷,而且载荷作用线必须与轴线相重合,不允许有角偏位
深沟球轴承 6	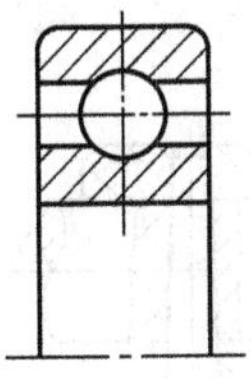	主要承受径向载荷,同时也可承受一定的轴向载荷。当转速很低而轴向载荷不太大时,可代替推力球轴承承受纯轴向载荷
角接触球轴承 7	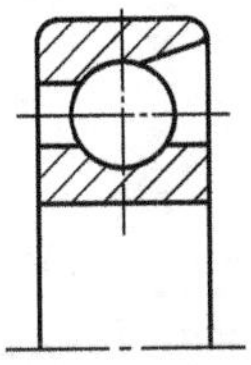	能同时承受径向、轴向联合载荷,接触角越大,轴向承载能力也越大,通常成对使用,可以分装于两个支点或同装于一个支点上
圆柱滚子轴承 N	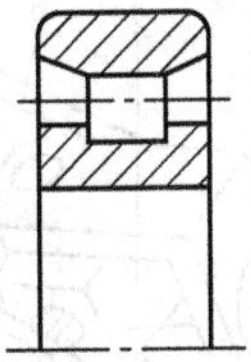	只能承受较大的径向载荷,不能承受轴向载荷,内、外圈只允许有极小的相对偏转
滚针轴承 NA	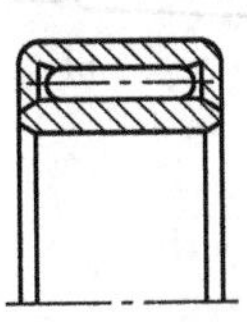	只能承受径向载荷,承载能力大,径向尺寸小。一般无保持架,因而滚针间有摩擦,极限转速低。不允许有角偏位,可以不带内圈

三、联轴器和离合器

1. 联轴器

联轴器是连接轴与轴或轴与回转件,使它们在传递运动和动力过程中一同回转而不脱开的一种装置。在电动机转轴和机器传动轴之间多用联轴器,联轴器始终将两轴连接在一起,只有停机并经拆卸才能分离。

联轴器可分为三大类:由刚性传力件组成的刚性联轴器;利用弹性元件的弹性变形以补偿两轴相对位移,并能缓和冲击、振动的挠性联轴器;有过载保护作用的安全联轴器。刚性联轴器结构简单、成本较低,常用于无冲击,轴的对中性良好的场合,常用种类有:凸缘联轴器(图 6-19a),它是利用螺栓联接两半联轴器的凸缘以实现两轴连接的联轴器;套筒联轴器(图 6-19b),它是利用共用套筒以键、销、螺纹等连接两轴的联轴器。挠性联轴器又分为无弹性元件挠性联轴器和非金属弹性元件挠性联轴器两类。无弹性元件挠性联轴器的工作零件存在动连接，所以具有补偿相对位移的能力，图 6-20a 所示的滑块联轴器和图 6-20b 所示的万向联轴器，就分别可补偿径向位移和角位移。而非金属弹性元件联轴器利用弹性元件，不但可以补偿相对位移，而且具有缓冲作用，如图 6-21 所示的弹性套柱销联轴器，就是利用橡胶材料制成的弹性套，来补偿相对位移和起缓冲、吸振作用，它常用于频繁起动及换向的传递中，以及小转矩的高、中速轴的连接。安全联轴器利用连接件在过载时自动断开，中断两轴的联系，从而避免重要零部件受到损坏，如以销作为过载连接件的安全联轴器（图 6-22），销的直径根据传递极限转矩时所受的剪力来确定。

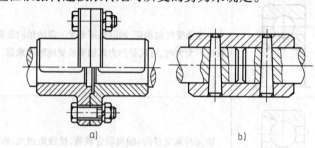

图 6-19　刚性联轴器

a）凸缘联轴器　b）套筒联轴器

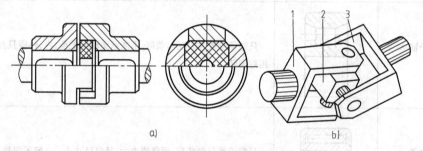

图 6-20　无弹性元件挠性联轴器

a）滑块联轴器　b）万向联轴器

1、3—万向接头　2—十字销

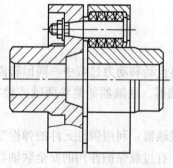

图 6-21　弹性套柱销联轴器

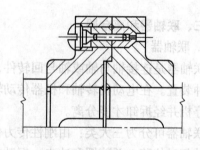

图 6-22　安全联轴器

2. 离合器

离合器是主、从动部分在同轴线上传递运动或动力时，具有接合或分离功能的装置。用离合器连接的两轴，可在机器运转中随时分离或接合两轴，进而实现变速、变向等要求（如汽车行驶中的换挡）。

常用的离合器有牙嵌离合器和片式离合器等。前者结构简单，尺寸小，传递转矩大，主、从动轴同步回转，但接合时有冲击，只适于低速时使用；后者离合平稳，可实现高速下离合，并具有过载打滑的保护作用，但主、从动轴的回转不能严格同步。图6-23a所示为牙嵌离合器，它由两个断面带牙的半离合器1和半离合器3组成，其中半离合器1固定在主动轴上，而半离合器3由滑环4操纵，可在从动轴上做轴向移动，实现离合工作，为保证导向和定心，在半离合器1上装有对中环2。片式离合器分为单片、双片和多片等，单片离合器靠一定压力下主动片5和从动片6接合面上的摩擦力来传递转矩，滑环4操纵从动片6做轴向移动，以实现离合工作（图6-23b）。

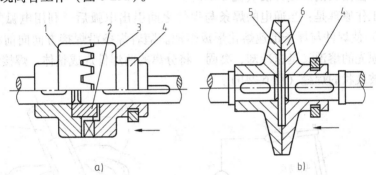

图6-23 离合器

a）牙嵌离合器 b）单片离合器

1、3—半离合器 2—对中环 4—滑环 5—主动片 6—从动片

第四节 焊 接

一、焊接的种类

1. 焊接的概念

焊接是一种不可拆卸的连接方法，它通过加热、加压或两者兼施的方法，使两个分离的零件结合在一起。焊接的主要特点是：节省材料与加工时间；接头密封性能好，产品质量高；可用型材等拼焊成大型结构件；设备简单、操作方便、成本低等。焊接方法广泛用于汽车、船舶、化工容器、建筑等产品的制造中。

2. 焊接的种类

按照焊接过程的特点，可将焊接方式分为三类：

（1）熔焊 将待焊处的母材金属熔化以形成焊缝的焊接方法称为熔焊。这类焊接方法的共同特点是将焊件连接处局部加热至熔化状态，然后冷却凝固成一体，不需要施加压力焊接即可完成。它包括电弧焊（焊条电弧焊、埋弧焊、气体保护焊、堆焊）、气焊等，最常见的是焊条电弧焊。

（2）压焊 焊接过程中，必须对焊件局部施加压力（加热或不加热），以完成焊接的方法称为压焊。它包括电阻焊、摩擦焊、冷压焊、超声波焊等多种，其中常见的是电阻焊。

（3）钎焊 钎焊是采用比被连接件（焊件）金属熔点低的金属材料作钎料，将钎料和焊件加热到高于钎料熔点、低于焊件熔点的温度，利用熔化的钎料润湿焊件，填充接头间隙并与焊件相互扩散实现连接焊件的方法。钎焊加热温度低，变形小，接头光滑平整，在电器部件、电机等方面应用较多。它包括软钎焊和硬钎焊，常用的有锡钎焊和铜焊。

3. 焊接缺陷

电弧焊常见的缺陷有：焊缝成形不良（宽度不均匀，堆积高度过大，焊缝金属满溢），咬边，未焊透，气孔，裂纹，内部夹渣，焊穿等。

二、常用焊接方法

1. 焊条电弧焊

焊条电弧焊是手工操作焊条，利用焊条 5 与焊件 1 间产生的电弧热，将焊件和焊条熔化，从而获得牢固接头的焊接方法（图6-24a）。

电弧焊的工作原理是：当通电的焊条与焊件之间引出电弧后，利用电弧的高温（中心温度达 6000℃）使焊件与焊条迅速熔化形成熔池。随着焊条沿焊接方向向前移动，新的熔池不断形成，原先的熔池又迅速冷却、凝固，将分离的两焊件焊成整体。焊接结束后，敲去焊渣，便露出波纹状的焊缝（图6-24b）。

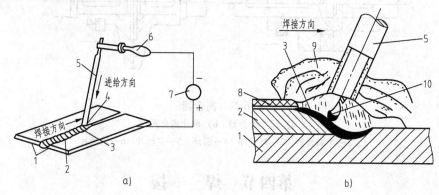

图 6-24　电弧焊焊接过程

a）手工电弧焊　b）焊接过程

1—焊件　2—焊缝　3—熔池　4—电弧　5—焊条

6—焊钳　7—焊接电源　8—熔渣　9—气体　10—熔滴

常见的焊接接头形式有对接（图6-25a）、搭接（图6-25b）、角接（图6-25c）、T形接（图6-25d）等，要根据焊件的厚薄、结构和施工条件进行选择，其中对接接头形式常用。焊条电弧焊的常用工具有焊钳、面罩、清渣锤、钢丝刷等。焊条电弧焊的常用设备有弧焊变压器和弧焊整流器两大类。前者用于焊接一般焊接件，后者用于焊接薄板、有色金属等焊件。

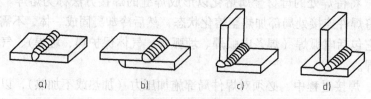

图 6-25　焊接接头形式

a）对接　b）搭接　c）角接　d）T形接

2. 电阻焊

电阻焊是工件组合后通过电极施加压力，利用电流通过接头的接触面及邻近区域产生的电阻热进行焊接的方法。电阻焊有点焊、对焊、缝焊等，如图6-26所示的电阻点焊是将焊件3和4装配成搭接接头，压紧在两个电极2和5之间，利用电流在焊接区产生的电阻热熔化焊接区的金属形成一定尺寸的焊点，然后断电，冷却，去除压力，焊件间即形成牢固的接头。点焊具有电流大、时间短、焊点小的特点，它是热和机械（力）联合作用的焊接方法，广泛应用在电子、仪表、建筑、交通运输、航空等领域，它主要用于薄板间的焊接。现代工厂里，可由机器人操作焊接，如加工汽车底盘，由11台机器人联合操作，执行包括30个焊点的点焊作业，全线仅需操作工2人。

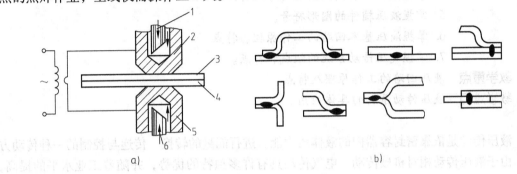

图6-26　电阻点焊
a）电阻点焊示意图　b）电阻点焊的接头形式
1、6—冷却水　2、5—电极　3、4—焊件

3. 锡钎焊

锡钎焊是软钎焊的一种，焊接时工件材料不加热，用加热的烙铁沾上焊锡（锡铅合金做成的钎料）作为填充材料，将工件连接起来。它用于接头强度要求不高或密封性要求好的连接，以及电气元件和电气设备的接线头连接等。锡钎焊时必须使用焊剂（如稀盐酸、氧化锌溶液、松香、焊膏），其作用是清除焊缝处的金属氧化膜，保护金属不受氧化，提高焊锡的粘附能力和流动性，增强焊接强度。

复习思考题

1. 紧键联结与松键联结的特点有什么不同？哪种形式应用广泛？
2. 在加工销钉孔时为什么必须要用铰刀进行铰削加工？
3. 左旋螺纹主要应用场合有哪些？
4. "滚动轴承的各项性能一定比滑动轴承好"对吗？为什么？
5. 离合器与联轴器的主要区别是什么？

第七章　液压与气压传动

教学目标　1. 了解液压传动工作原理。
　　　　　　 2. 了解液压传动系统的组成及各部分典型元件的作用。
　　　　　　 3. 了解液压传动中的压力、流量和功率的简易计算方法。
　　　　　　 4. 掌握泵、缸、阀的图形符号及作用。
　　　　　　 5. 掌握液压辅件的图形符号。
　　　　　　 6. 掌握液压基本回路的工作原理、特点。
　　　　　　 7. 掌握气压传动系统的组成和特点。
教学重点　液压回路的工作原理及特点。
教学难点　液压传动系统的具体应用。

　　液压传动是依靠密封容器内的液体压力能，进行能量的转换、传递与控制的一种传动方式。由于液压传动相对机械传动、电气传动具有许多独特的优势，并随着工业水平的提高，精密加工技术的保障，计算机辅助设计（CAD）的应用，使液压技术得到了很大的发展，在各个工业部门的应用也日见增多。液压技术已成为机械加工行业中的一个重要组成部分。

第一节　液压传动的原理和组成

一、液压传动的工作原理

　　如图 7-1a 所示为磨床工作台液压传动原理图，液压泵 3 由电动机带动，从油箱 1 中吸油，然后将具有压力能的油液输送到管路中，油液通过节流阀 4 和管路至换向阀 6。换向阀 6 的阀芯可以有不同的工作位置（图中有三个工作位置），因此通路情况不同。当阀芯处于中间位置时，阀的油口 P、A、B、T 互不相通，流向液压缸的油路被堵死，液压缸 8 不通压力油，所以工作台停止不动。若将阀芯向右推（左端工作位置），这时油口 P 和 A 相通、B 和 T 相通，压力油经油口 P 流入换向阀 6，经油口 A 流入液压缸 8 的左腔，活塞 9 在液压缸左腔压力油的推动下带动工作台 10 向右移动；液压缸右腔的油液通过换向阀 6 的油口 B 流入到换向阀 6，又经回油口 T 流回油箱 1。若将换向阀 6 的阀芯向左推（右端工作位置），活塞带动工作台向左移动。因此换向阀 6 的工作位置不同时，就能不断改变压力油的通路，使液压缸不断地换向，以实现工作台所需要的往复运动。

　　根据使用要求的不同，工作台的移动速度可通过节流阀 4 来调节，利用改变节流阀开口的大小来调节通过节流阀的流量，以控制工作台的运动速度。

　　工作台运动时，由于工作情况不同，要克服的阻力也不同，不同的阻力都是由液压泵输出油液的压力来克服的，系统的压力可通过溢流阀 5 调节。当系统中的油压升高到稍高于溢流阀的调定压力时，溢流阀的钢球被顶开，油液经溢流阀排回油箱，这时油压不再升高，系统的压力维持定值。

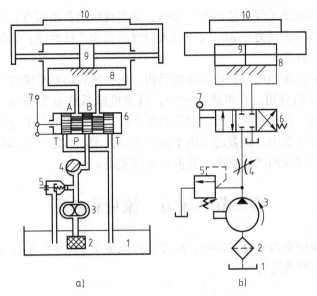

图 7-1　液压传动原理图

a）结构原理图　b）用图形符号表示的原理图

1—油箱　2—过滤器　3—液压泵　4—节流阀　5—溢流阀　6—换向阀

7—手柄　8—液压缸　9—活塞　10—工作台　P、A、B、T—油口

　　为保持油液的清洁，设置了过滤器 2，将油液中的污物、杂质去掉，使系统工作正常。

　　总之，液压传动的工作原理是利用液体的压力能来传递运动和动力的。先利用动力元件（液压泵）将原动机的机械能转换为液体的压力能，再利用执行元件（液压缸）将液体的压力能转换为机械能，驱动工作部件运动。液压系统工作时，还可利用各种控制元件（溢流阀、节流阀和换向阀）对油液进行压力、流量和方向的控制与调节，以满足工作部件在力、速度和方向上的要求。

二、液压传动系统的组成

　　从上面分析可知，液压传动系统一般由四部分组成。动力部分，指液压泵，它供给液压系统压力油，将电动机输出的机械能转换为油液的压力能，从而推动整个液压系统工作。执行部分，它包括液压缸和液压马达，用以将油液的压力能转换为机械能，以驱动工作部件运动。控制部分，包括各种阀类，如压力阀、流量阀和方向阀，用来调节控制液体的压力、流量（流速）、流动的方向和液流的通断，以保证执行元件完成预期的工作运动。辅助部分，指各种管接头、油管、油箱、过滤器和压力表等，它们起连接、储油、过滤、储存压力能和测量油压等辅助作用，以保证液压系统可靠、稳定、持久地工作。另外还需要有工作介质即液压油。

三、液压传动的特点

　　液压传动与其他传动方式相比，具有以下特点：

　　主要优点有：①传动平稳，易于频繁换向；②质量轻体积小，动作灵敏；③承载能力大；④调速范围大，易实现无级调速；⑤易于实现过载保护；⑥液压元件能够自动润滑，元件的使用寿命长；⑦容易实现各种复杂的动作；⑧简化机械结构；⑨便于实现自动化控制；⑩便于实现系列化、标准化和通用化。

主要缺点有：①液压元件制造精度要求高；②实现定比传动困难；③油液易受温度的影响；④不适宜远距离输送动力；⑤油液中混入空气易影响工作性能；⑥油液容易污染；⑦发生故障不容易检查与排除。

由于液压技术有许多的优点，从民用到国防，从一般传动到精确度很高的控制系统，液压传动都得到了广泛的应用。在机床工业中，目前机床系统有85%采用液压传动与控制，如磨床、铣床、刨床、拉床、压力机、剪床和组合机床等。在国防工业、冶金工业、工程机械、汽车工业、船舶工业中，也普遍采用了液压传动技术。总之，大部分工程领域，凡是有机械设备的场合，均可采用液压技术，其前景非常光明。

第二节 压力、流量和功率

在液压传动系统中有两个重要参数：压力 p 和流量 q。而液压系统所传递的功率 P，也是由压力 p 和流量 q 所决定的。

一、压力（p）

由于液体只能承受压向液面的作用力，所以当液体受到压缩时，液体单位面积上所受到的垂直压向液面的作用力称为压力（即物理学中的压强），即

$$p = F/A$$

式中 p——压力（Pa 或 N/m^2）；

F——作用力（N）；

A——作用面积（m^2）。

工程中常用的压力单位是 MPa，$1MPa = 10^6 Pa = 1N/mm^2$；另外还有非法定计量单位 bar（巴）和 kgf/cm^2，$1bar = 0.1MPa = 10^5 Pa$，$1kgf/cm^2 = 0.09807MPa$。

由液压静压力传递原理（帕斯卡原理）可知，在密封容器内的液体压力 p 能等值地传递到液体内部的所有各点，而在液压系统中执行元件（液压缸或液压马达）的结构尺寸已确定，所以液压系统中液体的工作压力取决于外负载。

例 7-1 图 7-2 所示为相互连通的两个液压缸，已知大液压缸 A_2 内径 $D = 100mm$，小液压缸 A_1 内径 $d = 20mm$，大活塞上放一重物 $W = 20kN$。问在小活塞上应加多大的力 F_1 才能使大活塞顶起重物？

解 由压力表算公式知

小液压缸 A_1 内的油液压力

$$p_1 = F_1/A_1 = F_1/(\pi d^2/4)$$

大液压缸 A_2 内的油液压力

$$p_2 = F_2/A_2 = W/(\pi D^2/4)$$

根据帕斯卡原理，由外力产生的压力在两液压缸中相等（$p_1 = p_2$），即

$$F_1/(\pi d^2/4) = W/(\pi D^2/4)$$

故顶起重物时在小活塞上应加的力 F_1 为

$$F_1 = Wd^2/D^2 = 20 \times 10^3 \times 20^2/100^2 = 800N$$

由上例可知，若 $A_2 > A_1$，则 $F_1 < F_2$，即液压装置

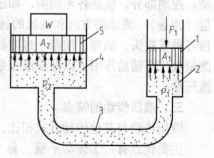

图 7-2 帕斯卡原理的应用

1—小活塞 2—小液压缸 3—连通管
4—大液压缸 5—大活塞

具有力的放大作用，液压压力机和液压千斤顶就是利用这个原理进行工作的。

液压系统中的压力大小取决于负载。它从无到有，从小到大，并随负载的变化而变化。通常将液压系统中的压力分为五级，见表7-1。

表7-1　液压压力的分级

压力等级	低压	中压	中高压	高压	超高压
压力 p/MPa	<2.5	2.5 ~ 8	8 ~ 16	16 ~ 32	>32

实际液体在管道中流动时，由于液体有粘性，在液体内部会产生相互的摩擦力；同时由于管道的形状和尺寸有所变化，液体在流动中会发生撞击和出现旋涡，产生对液体流动的阻力。所以必然造成一部分能量的损失，在液压系统中表现为压力损失。液体的压力损失分为两种，一种是发生在直管中的压力损失，称为沿程压力损失。管道越长、直径越小、流速越快，沿程压力损失越大。另一种是发生在管道的弯头、接头、突变截面以及阀口等处的压力损失，称为局部压力损失。减少压力损失的主要措施有：适当降低流速，缩短管道长度，减少管道弯头，增大通流面积，提高管道内壁的表面粗糙度等。

二、流量（q）

流量是单位时间流过某一通流截面的液体体积

$$q = V/t$$

式中　q——流量（m^3/s）；

　　　V——液体体积（m^3）；

　　　t——时间（s）。

工程中流量还用 L/min（升/分）为单位，其换算关系为 $1m^3/s = 6 \times 10^4 L/min$。

在单位时间内，油液流过管道或液压缸某一截面的距离称为流速，用 v 表示。若以 s 表示距离，以 A 表示截面积，则

$$v = s/t = (V/A)/t = (V/t)/A$$

即

$$v = q/A$$

式中　v——油液的流速（m/s）；

　　　A——通流截面的面积（m^2）；

　　　q——油液的流量（m^3/s）。

根据流速和流量的关系，说明流速与流量成正比、与通流截面积成反比，而与压力大小无关。由于液压系统的执行元件（液压缸）的结构尺寸已确定，其工作的运动速度仅取决于进入执行元件（液压缸）内的流量，即速度快慢取决于流量。

由于油液具有"不可压缩性"，油液在无分支的管道中流动时，在同一时间内流过管道内任意两个截面的液体质量是相等的，即流过管道内任意两个截面的液体流量相等。如图7-3所示的管道中，由 $q_1 = q_2$ 可得

$$v_1 A_1 = v_2 A_2$$

上式称为流动液体连续性方程，说明流速和截面面积成反比，管道粗流速低，管道细流速高。

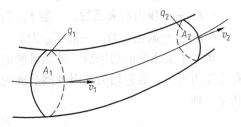

图 7-3　流动液体的连续性

例 7-2 如图 7-2 所示的液压千斤顶，已知小活塞面积 $A_1 = 3.14 \times 10^{-4} \mathrm{m}^2$，大活塞面积 $A_2 = 7.85 \times 10^{-3} \mathrm{m}^2$，管道的截面积 $A_3 = 1.96 \times 10^{-5} \mathrm{m}^2$，小活塞向下运动的速度 $v_1 = 0.2 \mathrm{m/s}$。求大活塞上升的速度和管道中油液的流速。

解 根据流动液体连续性方程，有

$$v_1 A_1 = v_2 A_2 = v_3 A_3$$

大活塞上升的速度 $v_2 = v_1 A_1 / A_2 = 0.2 \times 3.14 \times 10^{-4} / 7.85 \times 10^{-3} = 0.008 \mathrm{m/s}$

管道中油液的流速 $v_3 = v_1 A_1 / A_3 = 0.2 \times 3.14 \times 10^{-4} / 1.96 \times 10^{-5} = 3.20 \mathrm{m/s}$

通过计算验证了流速和截面面积成反比，由于 $A_2 > A_1 > A_3$，所以 $v_2 < v_1 < v_3$。

在实际液压系统和液压元件中，由于加工误差和配合表面具有相对运动要求（间隙配合），总会存在一定的缝隙，油液流经这些缝隙时不可避免会产生泄漏现象。泄漏的形式有两种：一是油液由高压区流向低压区的泄漏（内泄漏）；二是系统内的油液泄漏到液压系统外面的泄漏（外泄漏）。泄漏是由压力差及配合件表面间的间隙造成的，泄漏会使液压系统效率降低，并污染环境，同时内泄漏的损失转换为热能，使系统油温升高而影响液压元件的性能和系统的正常工作。

三、功率（P）

单位时间内所做的功称为功率，用 P 表示，其单位是 W 或 kW。通常功率等于力与速度的乘积，在液压系统中则为压力与流量的乘积。

液压系统的输出功率就是液压缸克服外界负载的功率，即

$$P_{缸} = Fv = p_{缸} q_{缸}$$

式中 F——负载阻力（N），$F = p_{缸} A$；

     v——活塞的运动速度（m/s），$v = q_{缸}/A$；

     $P_{缸}$——液压缸的输出功率（W）；

     $p_{缸}$——液压缸的油液工作压力（Pa）；

     $q_{缸}$——液压缸的油液流量（m^3/s）。

液压系统中的压力和流量是由液压泵提供的，并经过一系列的管道和控制阀才能将油液输送到液压缸。由于存在压力损失和油液泄漏，所以液压泵输出的压力和流量都应大于液压缸的工作压力和工作流量，液压泵的输出功率应为

$$P_{泵} = p_{泵} q_{泵} = K_{压} p_{缸} K_{漏} q_{缸}$$

式中 $P_{泵}$——液压泵的输出功率（W）；

     $p_{泵}$——液压泵的工作压力（Pa），$p_{泵} = K_{压} p_{缸}$；

     $q_{泵}$——液压泵的工作流量（m^3/s），$q_{泵} = K_{漏} q_{缸}$；

     $K_{压}$——压力损失系数，一般 $K_{压}$ 为 $1.3 \sim 1.5$；

     $K_{漏}$——漏油系数，一般 $K_{漏}$ 为 $1.1 \sim 1.3$。

确定了液压泵的功率后，进而可确定拖动液压泵的电动机功率。同样液压泵工作时，也存在压力损失、流量损失和因摩擦造成的机械损失，所以电动机的功率应大于液压泵的输出功率，即

$$P_{电} = P_{泵} / \eta_{泵}$$

式中 $P_{电}$——电动机的工作功率（W）；

$\eta_\text{泵}$——液压泵的总效率，它和泵的结构及工作情况有关在 $0.6 \sim 0.95$ 之间。

总之，考虑到液压系统中的压力损失、流量损失和液压泵的机械损失，电动机的功率必大于液压泵的功率，液压泵的功率必大于液压缸的功率，即：$P_\text{电} > P_\text{泵} > P_\text{缸}$。

第三节 液 压 元 件

液压元件包括动力元件、执行元件、控制元件和辅助元件，大部分液压元件均已实行了标准化，并且要用规定的图形符号来表示。图形符号由符号要素和功能要素构成，这些符号表示了液压元件的类型、功能、控制方式及外部连接口等，但它不表示元件的具体结构、参数、连接口的实际位置等。图形符号的绘制应符合国家标准 GB/T 786.1—2009，可查阅相关手册。

一、液压泵

1. 液压泵的作用和图形符号

液压泵是液压系统的动力元件，它把原动机（电动机等）的机械能转换成输出油液的压力能。

液压泵按其结构形式分为齿轮泵、叶片泵、柱塞泵和螺杆泵；按泵的流量能否调节，分为定量泵和变量泵；按泵的输油方向能否改变，分为单向泵和双向泵。液压泵的图形符号见表 7-2，其中单作用式叶片泵及柱塞泵是流量可调节的变量泵，其余的是定量泵。

表 7-2 液压泵的图形符号

名称	单向定量泵	双向定量泵	单向变量泵	双向变量泵
符号				

液压泵的主要参数有压力和流量。液压泵的工作压力是指泵工作时输出液压油的实际压力，其大小由工作负载决定；液压泵的额定压力是指泵在正常工作条件下，试验标准规定能连续运转的最高压力，它受泵本身的泄漏和结构强度所制约。液压泵的实际流量是指泵在某工作压力下实际排出的流量；液压泵的额定流量是指泵在正常工作条件下，试验标准规定必须保证的输出流量。泵的产品样品或铭牌上标出的压力和流量为泵的额定压力和额定流量。

2. 液压泵的工作原理

液压泵的工作原理图如图 7-4 所示，泵体 4 和柱塞 5 构成一个密封的油腔容积 a，偏心轮 6 由原动机带动旋转，当偏心轮向下转时，柱塞在弹簧 2 的作用下向下移动，容积 a 逐渐增大，形成局部真空，油箱内的油液在大气压力的作用下，顶开单向阀 1 进入油

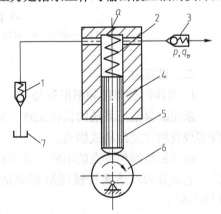

图 7-4 液压泵工作原理图

1、3—单向阀 2—弹簧 4—泵体
5—柱塞 6—偏心轮 7—油箱

腔 a 中,实现吸油。当偏心轮向上转时,推动柱塞向上移动,容积 a 逐渐减小,油液受柱塞挤压而产生压力,使单向阀 1 关闭,油液顶开单向阀 3 而输入系统,这就是压油。这样液压泵就把原动机输入的机械能转换为液流的液压能。由上可知,液压泵是通过改变密封容积的大小来完成吸油和压油的,其排油量的大小取决于密封腔的容积变化,故称为容积式的泵。为了保证液压泵的正常工作,单向阀 1、3 使吸、压油腔不相通,起配油的作用,因而称为阀式配油。为了保证液压泵吸油充分,油箱必须和大气相通。

液压泵的结构较为复杂,下面只对常用液压泵的工作部分进行简单介绍。齿轮泵如图 7-5a 所示,齿轮各齿槽与泵体及齿轮前后端面贴合的前后端盖间形成密封工作腔,而啮合线又把它们分隔为两个不相通的吸油腔和压油腔,轮齿脱开啮合使密封容积增大,实现吸油,轮齿进入啮合使密封容积缩小,实现压油。图 7-5b 所示为单作用叶片泵,转子和定子不同心,矩形叶片可在转子槽内滑动。工作时,转子旋转并在离心力的作用下,将叶片甩出靠在定子内表面上,每两片叶片之间与转子外表面、定子内表面形成密封容积,随着转子转动,密封容积发生变化,完成吸油、压油。

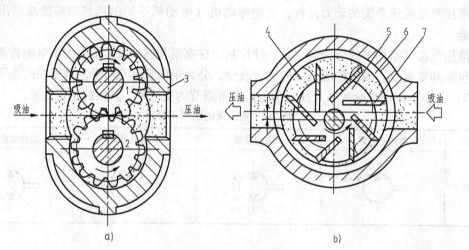

图 7-5 齿轮泵和叶片泵

a) 齿轮泵 b) 单作用叶片泵

1、2—齿轮 3—泵体 4—配油盘 5—转子 6—定子 7—叶片

二、液压缸

1. 液压缸的作用和图形符号

液压缸是液压系统的执行元件,它把液体的压力能转换为运动部件的机械能,使运动部件实现直线往复运动或摆动。

液压缸按结构特点的不同可分为活塞缸、柱塞缸和摆动缸三类。其中活塞缸应用最为广泛,它又分为双活塞杆液压缸和单活塞杆液压缸,图形符号有详细符号和简化符号两种(图 7-6)。

2. 液压缸的工作原理

液压缸中的活塞将缸内分为左、右两腔,利用压力油的压力、流量来产生推力和运动速度。

双活塞杆液压缸的两活塞杆直径相同，若分别进入两腔的供油压力和流量不变，则活塞（或缸体）向两个方向的运动速度和推力也都相等。因此，双活塞杆液压缸常用于要求往复运动速度和负载相同的场合，如各种磨床。

双活塞杆液压缸的推力和速度计算公式为

$$F = pA = p\pi(D^2 - d^2)/4$$

$$v = q/A = 4q/[\pi(D^2 - d^2)]$$

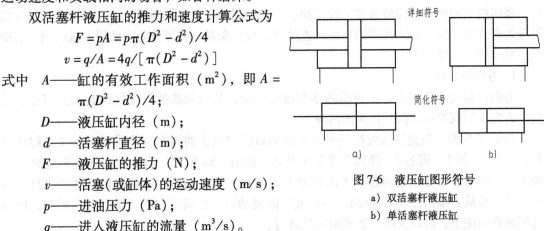

式中　A——缸的有效工作面积（m^2），即 $A = \pi(D^2 - d^2)/4$；

　　　D——液压缸内径（m）；

　　　d——活塞杆直径（m）；

　　　F——液压缸的推力（N）；

　　　v——活塞（或缸体）的运动速度（m/s）；

　　　p——进油压力（Pa）；

　　　q——进入液压缸的流量（m^3/s）。

图7-6　液压缸图形符号
a）双活塞杆液压缸
b）单活塞杆液压缸

单活塞杆液压缸，其活塞一侧有杆，另一侧无杆（图7-7），两腔的有效工作面积不相等。当向两腔分别供油，且供油压力和流量相同时，活塞（或缸体）在两个方向上的推力和运动速度不相等。

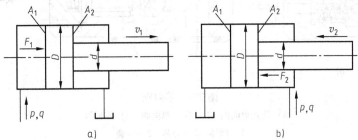

图7-7　单活塞杆液压缸
a）无杆腔进油　b）有杆腔进油

当无杆腔进压力油，有杆腔回油时（图7-7a），活塞推力 F_1 和运动速度 v_1 分别为

$$F_1 = pA_1 = p\pi D^2/4$$

$$v_1 = q/A_1 = 4q/(\pi D^2)$$

当有杆腔进压力油，无杆腔回油时（图7-7b），活塞推力 F_2 和运动速度 v_2 分别为

$$F_2 = pA_2 = p\pi(D^2 - d^2)/4$$

$$v_2 = q/A_2 = 4q/[\pi(D^2 - d^2)]$$

式中　A_1——无杆腔有效工作面积（m^2），$A_1 = \pi D^2/4$；

　　　A_2——有杆腔有效工作面积（m^2），$A_2 = \pi(D^2 - d^2)/4$。

由 $A_1 > A_2$ 可推出：$v_1 < v_2$，$F_1 > F_2$。即无杆腔进压力油时，推力大，速度低；有杆腔进压力油时，推力小，速度高。因此，单活塞杆液压缸常用于一个方向有负载慢速前进，另一个方向为空负载快速退回的设备，如压力机、注塑机等。

三、液压控制阀

液压控制阀是液压系统的控制元件，其作用是控制和调节油液的流向、压力和流量，以满足执行元件的起动、停止、换向、调压、调速、顺序动作及适应外负载的变化等工作性能要求。液压控制阀都是由阀体、阀芯和操纵机构三部分组成，利用阀芯的移动，使阀孔开、闭状态发生变化，来限制或改变油液的流动，达到控制和调节油液的流向、压力和流量的目的。液压控制阀按其功能分为方向控制阀、压力控制阀和流量控制阀三大类；按其连接方式可分为管式连接阀、板式连接阀和集成连接阀；按其操纵方式可分为手动阀、机动阀、电动阀、气动阀、液动阀等。

1. 方向控制阀

方向控制阀的作用主要是通断油路和改变流向，从而控制执行元件的起动、停止、换向。方向控制阀有单向阀和换向阀两种。

（1）单向阀 只允许油液按一个方向流动而反向截止的阀称为普通单向阀（简称单向阀）。它由阀体 1、阀芯 2、弹簧 3 等零件组成，如图 7-8a 所示。当压力油从左端进油口 P_1 流入时，油液压力作用在阀芯 2 上的推力大于弹簧 3 的作用力，使阀芯向右移动，打开阀口，使油液从右端出油口 P_2 流出。当油液反向流动时，油液压力和弹簧力方向相同，使阀芯压紧在阀座上，阀口关闭，油液则无法通过。

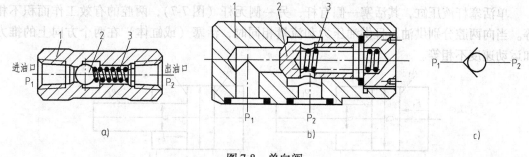

图 7-8 单向阀

a）管式单向阀 b）板式单向阀 c）图形符号

1—阀体 2—阀芯 3—弹簧

除普通单向阀外，还有液控单向阀（图 7-9）。它在结构上增加了控制油口 K 和控制活塞 1，当控制油口 K 通以一定的压力油时，推动活塞 1 使锥阀芯 2 右移，保持液控单向阀为开启状态，即油液也可反向流动。

（2）换向阀 换向阀按其工作位置数目和接通主油路进、出口数目可分为二位二通换向阀、二位四通换向阀、三位四通换向阀、三位五通换向阀等多种形式。规定用方格数表示换向阀的位数，用"↑"代表油口连通（不代表流向），用"⊥"代表油口断开，"↑"和"⊥"与方格的交点数表示换向阀的通数。一般用字母 P 表示压力油的进口，字母 T 表示与油箱连通的回油口，字母 A、B 表示连接其他油路的工作油口；控制方式和复位弹簧画在方格的两端。如图 7-10 所示的为常用换向阀的图形符号。

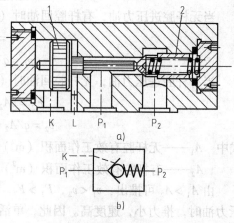

图 7-9 液控单向阀

a）结构示意图 b）图形符号

1—控制活塞 2—锥阀芯

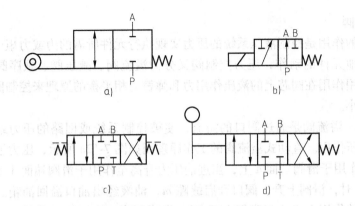

图 7-10　常用换向阀的图形符号

a) 二位二通机动换向阀（行程阀）　b) 二位三通电磁换向阀（电磁阀）

c) 三位四通液动换向阀　d) 三位四通手动换向阀

　　电磁换向阀（电磁阀）是由电气系统的按钮、限位开关、行程开关或其他电器元件发出的电信号，通过电磁铁（有交流和直流两种）来操纵阀芯移动，实现液压油路的换向、顺序动作及卸荷等，电磁换向阀在生产中应用最多。图 7-11a 所示为三位四通电磁换向阀的结构原理图，当两端电磁铁均不通电时（工作在中位），阀芯 2 在两端弹簧 3 的作用力下处于中间位置，此时进油口 P、回油口 T 与工作油口 A、B 各不相通（图 7-11a）。当右端电磁线圈 4 通电时，吸动右衔铁 5 将阀芯 2 推至左端，阀的右位工作，进油口 P 通油口 B，油口 A 通回油口 T（图 7-11b）；当左端电磁铁通电时，将阀芯 2 推至右端，阀的左位工作，进油口 P 通油口 A，油口 B 通回油口 T（图 7-11c），从而可完成换向工作。其图形符号如图 7-11d 所示。

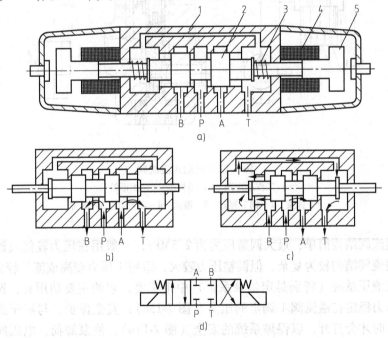

图 7-11　三位四通电磁换向阀

a) 结构原理图（中位工作）　b) 右位工作　c) 左位工作　d) 图形符号

1—阀体　2—阀芯　3—弹簧　4—电磁线圈　5—衔铁

2. 压力控制阀

压力控制阀的作用是控制液压系统的压力实现执行元件所需的力或力矩，或利用压力作为信号来控制其他元件的动作，压力控制阀又分为溢流阀、减压阀、顺序阀和压力继电器等。压力阀是利用作用在阀芯上的液压作用力和弹簧力相平衡的原理来控制阀芯的移动，进而控制压力的大小。

（1）溢流阀　溢流阀是通过阀口的溢流，使被控制系统或回路的压力维持恒定，实现稳压、调压或限压作用。直动式溢流阀的工作原理图如图 7-12a 所示，压力油经滑阀 3 的阻尼孔 4 至底部 5 作用于滑阀端面 A 上，当进油压力升高至作用于滑阀端面 A 上的力 F 大于弹簧 1 的作用力 F_s 时，滑阀上升，阀口开启缝隙 m，油液经出油口溢回油箱。当进口压力下降，油压对滑阀的作用力 F 小于弹簧力 F_s 时，滑阀下降，直至阀口关闭。所以，溢流阀能使进油口处的油液压力限制在阀的开启压力 $p_{开}(p_{开} = F_s/A)$ 之下。通过调节螺钉可调节弹簧力 F_s，从而可调整溢流阀的开启压力 $p_{开}$。图 7-12b 所示为直动式溢流阀的结构图，图 7-12c 为其图形符号。另外，还有先导式溢流阀，它由溢流主阀和先导调压阀组合而成。

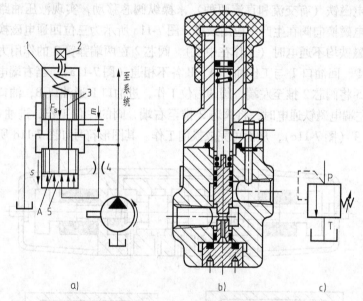

图 7-12　直动式溢流阀

a）工作原理图　b）结构图　c）图形符号

1—弹簧　2—调节螺钉　3—滑阀　4—阻尼孔　5—底部

直动式溢流阀结构简单，最大调整压力为 2.5MPa，一般用在压力较低或流量较小的场合。先导式溢流阀结构较为复杂，但调整压力较大，适用于压力较高或流量较大的场合。

溢流阀在液压系统（特别是定量泵系统）中很重要，它的主要功用有：调压溢流，使液压系统的压力稳定在溢流阀 1 调定的压力（图 7-13a）；安全保护，与液压泵并联的溢流阀只有在过载时才会打开，以保障系统的安全（图 7-13b）；使泵卸荷，电磁阀通电时溢流阀远程控制口通油箱，溢流阀口全开，泵输出的液压油直接回油箱，从而减少了系统的功率损耗（图 7-13c）；形成背压，利用溢流阀 2 对回油产生阻力，提高执行元件的运动平稳性（图 7-13a）。

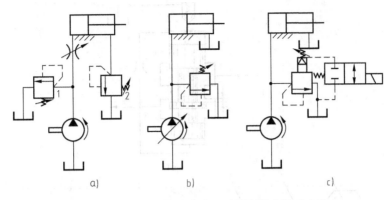

图 7-13　溢流阀在液压系统中的应用

（2）减压阀　减压阀能将出口压力调节到低于进口压力，按工作原理，减压阀也有直动式和先导式之分，一般采用先导式减压阀。

减压阀的工作原理是油压流经缝隙 m 时产生压降，使进口压力 p_1 降至 p_2 而输出，如图 7-14a 所示。当系统的负载增加，使 p_2 大于阀所调整的压力值时，作用于滑阀的推力便随之增加。当稍大于弹簧力时，滑阀便在推力作用下向上移动一小段距离，缝隙 m 减小，p_1 经缝隙 m 所产生的压力降增大，输出压力降低，从而使阀的出口压力 p_2 保持在原来调定的压力值。反之，当系统的负载减小，使 p_2 小于减压阀所调整的压力值时，作用于滑阀的推力小于弹簧力，滑阀便在推力作用下向下移动一小段距离，缝隙 m 增大，p_1 经缝隙 m 所产生的压力降减小，输出压力升高，从而使阀的出口压力 p_2 仍保持原来调定的压力值。由此可见，减压阀能利用出油压力 p_2 的反馈作用，自动控制阀口的大小，保证出口压力 p_2 基本上为减压阀弹簧调定的压力。先导式减压阀的结构如图 7-14b 所示，其图形符号如图 7-14d 所示，直动式减压阀的图形符号如图 7-14c 所示。

减压阀在夹紧系统、控制系统、润滑系统中应用较多。图 7-15a 所示为减压阀用于夹紧油路，液压泵除供给主油路压力油外，还经分支油路上的减压阀为夹紧缸提供比主油路压力低的压力油，其夹紧压力大小由减压阀来调节控制。图 7-15b 所示为把单向阀和减压阀组合在一起实现单向减压。

减压阀和溢流阀结构相似，它们的主要区别是进出控制油路压力油的引入口不同，阀芯的形状不同；由于减压阀的进出口都有压力，所以它的泄油口需要从阀的外部单独引回油箱，而溢流阀的泄油口是在阀体的内部与回油通道相通。减压阀是保持出口压力基本不变，而溢流阀是保持进口压力基本不变。

（3）顺序阀　顺序阀的工作原理如图 7-16a 所示，进油口与第一工作机构相连，出油口与第二工作机构相连。当进口压力未达到顺序阀的预调压力时，阀关闭。当进口压力升高到预调压力时，滑阀在 A 腔所受到的推力克服弹簧力而上移，将阀的通道打开，压力油进入第二工作机构的液压缸。其结构如图 7-16b 所示，图 7-16c 是顺序阀的图形符号。顺序阀与直动式溢流阀相似，都是利用进口压力与滑阀的弹簧力的平衡关系以控制通道的打开与关闭。不同之处是顺序阀串联在油路中，出油口与工作机构相连，而溢流阀的出油口接油箱；同时顺序阀对密封要求较高，否则会影响各个工作机构顺序动作的可靠性。

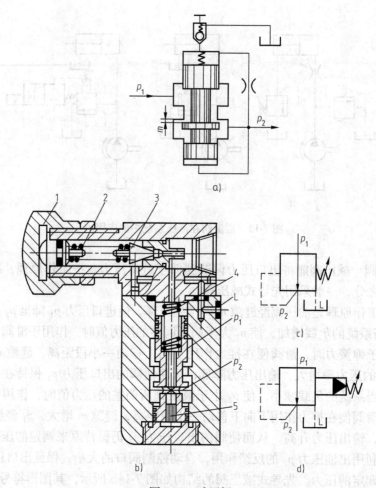

图7-14 减压阀

a）工作原理图　b）先导式减压阀结构图

c）直动式减压阀图形符号　d）先导式减压阀图形符号

1—手轮　2—调压弹簧　3—锥阀　4—平衡弹簧　5—主阀芯

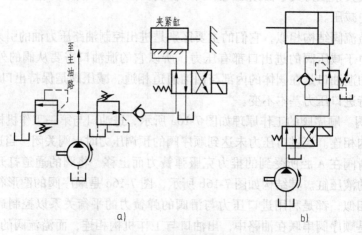

图7-15　减压阀在液压系统中的应用

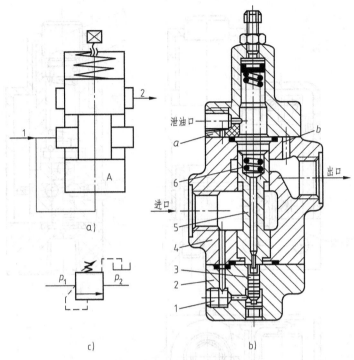

图 7-16　顺序阀

a) 工作原理图　b) 结构图　c) 图形符号

1—螺塞　2—下阀盖　3—控制活塞　4—阀体　5—阀芯　6—弹簧

（4）压力继电器　压力继电器是利用油液压力来启闭电器触点的液电信号转换元件，当系统压力达到继电器的设定压力时，发出电信号，控制电器元件（如电动机、电磁铁、电磁离合器、继电器等）动作，以实现程序控制、安全保护或动作的联动。如切削力过大时，实现自动退刀；刀架移动到指定位置碰到挡块后自动退出；在达到规定压力时，使电磁阀顺序动作；外负载过大时，关闭液压泵电动机等。

压力继电器由压力—位移转换部件和微动开关两部分组成，有膜片式、柱塞式、弹簧管式和波纹管式四种类型。图 7-17 所示为膜片式压力继电器。当控制油口 K 的压力达到弹簧 7 的调定值时，膜片 1 在压力的作用下产生中凸变形，推动柱塞 2 上升，柱塞上的圆锥面使钢球 5 和 6 做径向运动，钢球 6 使杠杆 10 绕销轴 9 转动，使其端部压下微动开关 11 发出电信号，接通或断开某一电路。当控制油压值小于弹簧的调定值时，弹簧使柱塞下移，钢球又落回柱塞的锥面槽内，微动开关复位，切断电信号，并将杠杆推回到原位，断开或接通电路。通过调压螺钉 8 可调整其工作压力。压力继电器发出电信号时的压力值，称为开启压力；切断电信号时的压力值，称为闭合压力；两者之差称为压力继电器通断返回区间，可通过调节螺钉 4 来调整。

3. 流量控制阀

流量控制阀是通过改变阀口（节流口）通流面积来调节通过阀口的流量，从而控制执行元件的运动速度。节流口是任何流量控制阀都必须具备的节流部分，节流口的形式有轴向三角槽式、偏心式、针阀式、周向缝隙式、轴向缝隙式等多种形式。流量控制阀主要有节流阀和调速阀。

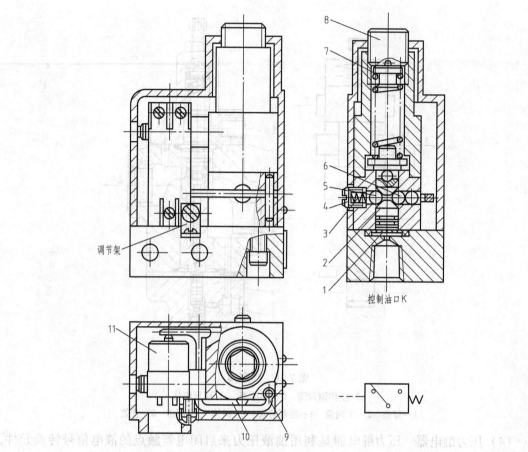

图 7-17　膜片式压力继电器

1—膜片　2—柱塞　3、7—弹簧　4—调节螺钉　5、6—钢球

8—调压螺钉　9—销轴　10—杠杆　11—微动开关

（1）节流阀　普通节流阀如图 7-18a 所示，它的节流口为轴向三角槽式。压力油从进油口 P_1 流入，经阀芯左端的轴向三角槽后由出油口 P_2 流出，此时的流量明显小于进油流量，

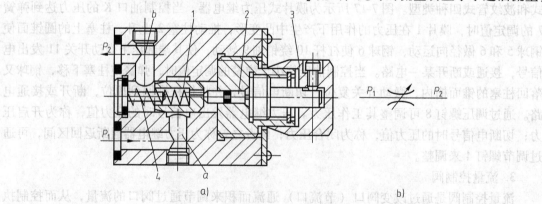

图 7-18　普通节流阀

a）结构图　b）图形符号

1—阀芯　2—推杆　3—手轮　4—弹簧

并且基本稳定在一个数值上。阀芯 1 在弹簧 4 的作用下始终紧贴在推杆 2 的端部，旋转手轮 3 可使推杆轴向移动，改变节流口的通流截面积，从而调节通过节流阀的流量。图 7-18b 所示为节流阀的图形符号。

当节流阀单独使用时，通过节流阀的流量会受节流阀进、出油口压力差的影响。当外载荷出现波动时，将造成节流阀两端的压力差随之波动，从而使通过节流阀的流量不稳定，使执行元件的运动速度产生波动。所以在工作速度要求平稳的场合，应使用调速阀来替代节流阀。

（2）调速阀　调速阀是由定差减压阀和节流阀串联而成的组合阀。节流阀用来调节通过的流量，定差减压阀则自动补偿负载变化的影响，使节流阀前后的压差保持稳定，消除了负载变化对流量稳定性的影响。

图 7-19a、b、c 所示为调速阀的工作原理图、图形符号和简化图形符号。减压阀的进口压力为 p_1，出口压力为 p_3，节流阀的出口压力为 p_2，进口压力也就是 p_3，则减压阀 a 腔、b 腔油液压力为 p_3，c 腔油液压力为 p_2。当负载增加使 p_2 增大时，减压阀 c 腔推力增大，使阀芯左移，阀口开大，p_3 也随之增大。所以，p_3 与 p_2 的差值即节流阀进、出油口压力差 Δp 不变，节流阀流量稳定。反之负载减小，p_2 减小，阀芯右移，p_3 减小，Δp 仍然不变，节流阀的流量稳定。

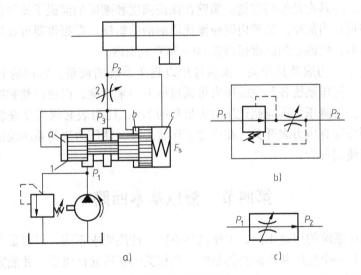

图 7-19　调速阀

a）工作原理图　b）图形符号　c）简化图形符号

1—减压阀阀芯　2—节流阀

四、辅助元件

液压系统的辅助元件很多，包括密封件、油管、管接头、过滤器、蓄能器、油箱和压力表等。它们是液压系统的重要组成部分，对系统工作稳定性、效率和寿命等有直接影响。除油箱外，其他辅助元件已标准化、系列化，使用时合理选用即可。常用辅助元件的图形符号如图 7-20 所示，这部分也是液压传动动力部分的组合，一般称为液压站。

（1）密封件　密封件的功用在于防止液压油的泄漏、外部灰尘的侵入，避免影响液压

142

系统的工作性能及污染环境。常用的密封方法有间隙密封和密封圈（O 型、Y 型和 V 型等）密封两种方法，间隙密封用于尺寸较小、压力较低、运动速度较高的活塞与缸体内孔间的密封；O 型密封圈应用最广泛，不仅用于运动件的密封，也可用于固定件的密封。

（2）油管和管接头　油管用来连接液压元件和输送液压油，管接头则是油管与油管、油管与液压元件之间的可拆卸连接件。对油管的要求是尽可能减少输油过程中的能量损失，应有足够的通油截面、最短的路程、光滑的管壁等。常用的油管有钢管、铜管、塑料管、尼龙管和橡胶软管等。对管接头的要求是连接牢固可靠、密封性能好。常用的管接头有焊接式、螺纹式、扩口式、卡套式和法兰式等。

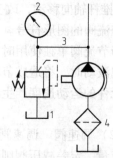

图 7-20　辅助元件的图形符号
1—油箱　2—压力表
3—油管　4—过滤器

（3）过滤器　过滤器的作用是从油液中清除固体污染物。液压系统中所有故障的 80% 左右都是由污染的油液引起的，保持油液清洁是液压系统可靠工作的关键，使用过滤器是最主要的手段。过滤器按结构不同又可分为网式、线隙式、纸芯式、烧结式和磁性过滤器。

（4）油箱　油箱起储油、散热、分离油中的空气和沉淀油中的杂质等作用。油箱常用钢板焊接成箱体，并具有足够的容量。箱壁在保证强度和刚度的前提下要尽量薄，以利于散热，箱盖、箱底可适当加厚。油箱内壁应涂优质耐油防锈漆。根据需要可在油箱适当部位安装冷却器和加热器，使油箱的温度保持在 30 ~ 50℃范围内。

（5）流量计、压力表及其开关　流量计用以观测系统的流量，常用的有涡轮流量计和椭圆齿轮流量计。液压系统各部位的压力可通过压力表来观测，以便调整和控制压力。用压力表测量压力时，被测压力不应超过压力表量程的 3/4，压力表必须直立安装。压力油路与压力表之间必须安装有压力表开关，在正常工作状态时，使压力表与系统油路断开，以保护压力表并延长其使用寿命。

第四节　液压基本回路

虽然每个液压系统的用途不同、工作循环不同、性能要求不同，但都是由若干个液压基本回路构成的，每一个液压基本回路都是由一些相关的液压元件组成，并能完成某一特定功能（如换向、调压、调速等）的典型回路。只要熟悉和掌握组成液压系统的各类基本回路的特点、组成方法、所完成的功能及它们与整个系统的关系，就可掌握液压系统构成的基本规律，从而能方便、迅速地分析、设计和使用液压系统。

液压基本回路通常分为方向控制回路、压力控制回路和速度控制回路三大类。

一、方向控制回路

方向控制回路的作用是利用换向阀控制执行元件的起动、停止、换向及锁紧等，方向控制回路又可分为换向回路、锁紧回路等。

1. 换向回路

工作机构的换向，是液压系统中不可缺少的回路，可利用各种换向阀来实现液压缸或液压马达的换向，这种回路在液压系统中被普遍采用。图 7-21a 是采用三位四通电磁换向阀的换向回路，当电磁铁 1YA 通电、2YA 断电时，换向阀的左位工作，压力油推动活塞向右运动；当电磁铁 1YA 断电、2YA 通电时，换向阀的右位工作，压力油推动活塞向左运动。应当指出，由于电磁换向阀在换向过程中有较大的冲击，因此这种回路适用于运动部件的运动速度较低、质量较小、换向精度要求不高的场合。另外有使用电液换向阀的换向回路，电液换向阀是利用较小的电磁阀来控制容量较大的液动换向阀，这种换向回路在换向时冲击小，因此适用于运动部件质量较大、运动速度较高的场合。还有采用手动换向阀、转阀和行程阀的换向回路，这些换向回路多用于低压、小流量的场合。

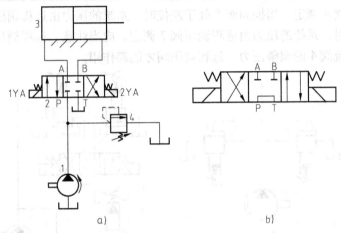

图 7-21　换向回路

a) 使用电磁换向阀（O 型阀）的换向回路　b) M 型三位四通电磁换向阀

1—液压泵　2—电磁阀　3—液压缸　4—溢流阀

2. 锁紧回路

为了使工作机构能在任意位置上停留以及停止工作时防止工作机构在受力的情况下发生移动，可采用锁紧回路。锁紧的方法很多，如采用 O 型（图 7-21a）或 M 型（图 7-21b）滑阀机能的三位四通换向阀，当阀芯处于中位时，液压缸的进、出油口均被封闭，液压缸停止运动并被锁住。但由于换向阀不免有泄漏，锁紧效果较差。图 7-22 所示为使用液压锁（两个液控单向阀）的锁紧回路，当换向阀左位工作时，压力油经液控单向阀 1 进入液压缸左腔，同时压力油还进入液控单向阀 2 的控制油口 K，打开液控单向阀 2，使活塞向右运动。而当换向阀处于中位（H 型）或液压泵停止供油时，两个液控单向阀立即关闭，活塞停止运动并双向锁紧，其锁紧效果只受液压缸泄漏的影响，因此锁紧效果好。注意回路中的换向阀应能使液控单向阀的控制油路卸荷，采用 H 型或 Y 型滑阀机能，以保证换向阀中位接入回路时液压锁能立即关闭。

二、压力控制回路

压力控制回路的作用是利用压力控制阀来完成系统的压力控制，实现调压、增压、减压、卸荷和顺序动作等，以满足执行元件在力或转矩及各种动作方面对系统压力的要求。

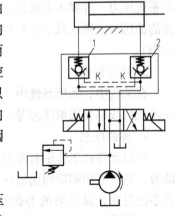

图 7-22　锁紧回路

1、2—液控单向阀

压力控制回路又可分为调压回路、减压回路、增压回路、卸荷回路和顺序动作回路等。

1. 调压回路

在定量泵系统中，定量泵的供油压力可以通过溢流阀来调节。图 7-23a 所示为安全、调压回路，溢流阀 3（调整压力是系统最高工作压力的 1.1~1.2 倍）限制系统的最高压力；溢流阀 2 作系统的调压阀用，其压力根据工作需要随时调整。当系统需要两种以上压力时，可采用多级调压回路。图 7-23b 所示为三级调压回路，远程调压阀 6 和 7 通过三位四通电磁换向阀 5 与溢流阀 4 的外控口相连，使系统有三种压力调定值；当换向阀 5 处于中位时，系统的压力由溢流阀 4 调定；当换向阀 5 处于左位时，系统的压力由远程调压阀 6 调定；当换向阀 5 处于右位时，系统的压力由远程调压阀 7 调定。应当注意，远程调压阀 6 和 7 的调整压力必须低于溢流阀 4 的调整压力，远程调压阀才能起作用。

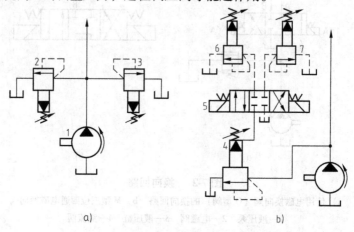

图 7-23　调压回路

a）使用溢流阀的调压回路　b）三级调压回路

1—液压泵　2、3、4—溢流阀　5—三位四通电磁换向阀　6、7—远程调压阀

2. 减压回路

在单泵供油的液压系统中，某个执行元件或某个支路所需要的工作压力低于溢流阀调定的系统压力，并要求有较稳定的工作压力，如控制油路、夹紧油路、润滑油路等一些辅助油路的油压往往要求低于主油路的调定压力，这时就需要用到减压回路（见图 7-15 减压阀的应用）。

3. 增压回路

在某些中、低压系统中，有时需要流量不大的高压油，这时可采用增压回路（使用串联液压缸或单作用增压缸等）获得高压，以节省高压泵，减少功率损失。

4. 卸荷回路

执行元件在工作中有时需要停歇，在处于不工作状态时，就不需要供油或只需要少量的油液，这时需用卸荷回路使液压泵输出的油液在很低的压力下流回油箱，减少功率损失，防止系统发热，延长泵的寿命和提高系统的效率。采用三位换向阀的中位机能（M、K、H 型）可使液压泵卸荷（图 7-24a），这种卸荷回路比较简单，但对压力较高、流量较大的系统易产生冲击，只适用于中低压、小流量的系统。用二位二通阀组成卸荷回路，当执行元件停止工作时，二位二通阀断电，液压泵与油箱连通（图7-24b），液压泵卸荷，这种回路的卸荷效果较好，一般用于液压泵的流量小于63L/min的场合。

5. 顺序动作回路

液压系统要同时控制几个执行元件的顺序动作，如在机床上加工工件，必须先将工件定位、夹紧后，才能进行切削加工。为了使执行元件能够按着要求的工作循环准确地运动，则需采用顺序动作回路来控制执行元件的运动。图7-25a所示为用行程阀实现顺序动作的回路，当换向阀1右位工作时，液压缸3的活塞右移，完成①的动作；活塞右移至终点，活塞杆上的撞块压下行程阀2，于是液压缸4的活塞向右运动，完成②的动作；当换向阀1换向

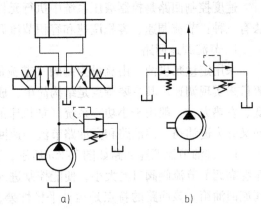

图7-24 卸荷回路
a) 用三位换向阀的中位机能 b) 用二位二通阀

（图示位置）时，液压缸3的活塞向左退回，完成③的动作；当活塞退到使撞块松开行程阀2后，液压缸4的活塞也向左退回，完成④的动作，到此完成一个循环。这种回路工作可靠，但改变工作顺序比较困难。图7-25b所示为用顺序阀实现压力控制的顺序动作回路，当换向阀8左位工作时（图示位置），液压缸10的活塞右移，完成①的动作；当液压缸10的活塞移动到终点，系统压力升高将顺序阀5打开，液压缸6的活塞右移，完成②的动作；然后使换向阀8换向到右位，液压缸6的活塞左移，完成③的动作；液压缸6的活塞左移到终点，系统压力升高将顺序阀9打开，液压缸10的活塞左移，完成④的动作，到此完成了①→②→③→④的动作循环。这种回路可靠性差，不适用于要求严格位置控制的场合，多用于控制两个动作的互锁（如工件夹紧后才允许进给）。若将顺序阀换成压力继电器，利用压力继电器的信号控制两个电磁换向阀，也能完成压力控制的动作顺序。

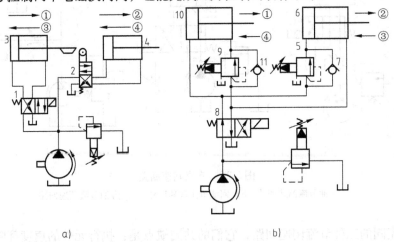

图7-25 顺序动作回路
a) 用行程阀控制 b) 用顺序阀控制
1、8—换向阀 2—行程阀 3、4、6、10—液压缸 5、9—顺序阀 7、11—单向阀

三、速度控制回路

速度控制回路是控制液压系统中执行元件的运动速度和速度切换的回路。常用的调速方法有三种：节流调速、容积调速和容积节流调速。

1. 节流调速回路

采用定量泵供油，由流量控制阀（节流阀或调速阀）改变进入或流出执行元件油液的流量来实现调速。其主要特点是结构简单，成本低，使用、维护方便，但能量损失大、效率低、发热大，一般用于小功率系统（如机床的进给系统）。按流量控制阀在系统中位置的不同又分为进油路、回油路和旁油路节流调速回路。

1）进油节流调速回路如图 7-26a 所示，节流阀串联在液压泵和液压缸之间，液压缸的速度靠调节节流阀阀口的大小，便能控制进入液压缸油液的流量，而多余的油液流量由溢流阀流回油箱。该回路的特点是运动平稳性差，调速范围大，低速低载时功率损耗大，效率低，适用于低速、轻载、负载变化不大的场合。

2）回油节流调速回路如图 7-26b 所示，节流阀串联在液压缸和油箱之间，以限制液压缸的回油量，从而达到调速的目的。因节流阀串联在回油路上，可减少系统发热和泄漏，运动平稳性好；但由于多余油液由溢流阀溢走，造成功率损失，效率较低。这种回路多用在功率不大，但负载变化较大，运动平稳性要求较高的液压系统中，如磨削和精镗的组合机床等。

3）旁油节流调速回路如图 7-26c 所示，将节流阀并联在液压泵和液压缸的分支油路上，通过调节节流阀流回油箱的油量，来控制进入液压缸的流量。由于液压泵的压力随负载而变，溢流阀无溢流损耗，所以功率利用比较经济，效率较高；但运动速度稳定性较差，调速范围较小，这种回路只适用于负载变化小，对运动平稳性要求不高的高速大功率的场合，如牛头刨床的主传动系统。

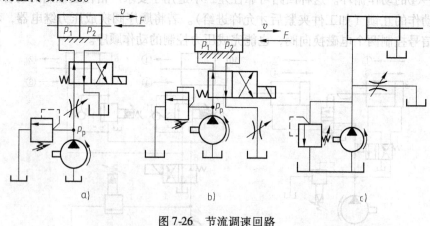

图 7-26 节流调速回路

a）进油节流调速回路 b）回油节流调速回路 c）旁油节流调速回路

采用节流阀的三种节流调速回路，它们的共同缺点是：执行元件的速度都随负载的变化而变化，即运动稳定性较差。如果用调速阀来代替节流阀，可提高回路的运动稳定性。采用调速阀的节流调速回路，同样也有进油路、回油路和旁油路三种节流调速回路形式，但与用节流阀的调速回路有所不同，液压缸的工作压力随负载变化时，调速阀中的减压阀能自动调节其开口的大小，使节流阀前后的压差基本保持不变，流过调速阀的流量保持不变，提高了回路的运动稳定性。应当指出，由于调速阀中包含了减压阀和节流阀的压力损失，同样也存在溢流功率损失，所以以用调速阀的调速回路比用节流阀的调速回路功率损失还要大。

2. 容积调速和容积节流调速回路

容积调速是通过改变变量泵的供油量或改变液压马达的每转排量来实现调速的。容积调速与节流调速相比，运动稳定性好，调速范围大，易于换向，没有溢流损失和节流损失，效率高，但结构复杂，成本较高，适用于大功率、运动稳定性要求高、调速范围大的液压系统，如拉床和龙门刨床的主运动、铣床的进给运动等。

容积节流调速则是用变量泵为系统供油，用调速阀或节流阀改变进入液压缸的流量，以实现工作速度的调节，并且液压泵的供油量和液压缸所需的流量相适应。这种回路的特点是由于没有多余的油溢回油箱，所以效率比定量泵节流调速回路高；由于采用了调速阀，运动稳定性比容积调速回路好。

3. 速度换接回路

机床工作部件在执行自动工作循环的过程中，往往需要有不同的运动速度，例如刀具对工件进行的切削加工工作循环为：快进→Ⅰ工进→Ⅱ工进→快退。刀具首先快速前进接近工件，然后以第Ⅰ种工进速度（慢速）进行加工，接着又以第Ⅱ种工进速度（更慢的速度）进行加工，加工完了快速退回原位。采用速度换接回路即能满足上述要求。

（1）用行程阀的速度换接回路　图7-27a是用行程阀实现快速运动转为工作进给运动的速度换接回路。当换向阀3和行程阀6在图示位置时，液压缸的活塞快速向右运动；当活塞向右运动到所需位置时，活塞杆上的撞块压下行程阀6，将其油路关闭，回油经节流阀5和换向阀3流回油箱，这时活塞转为慢速工作进给向右运动；当换向阀3左位工作时，压力油经单向阀4进入液压缸右腔，活塞快速向左退回。

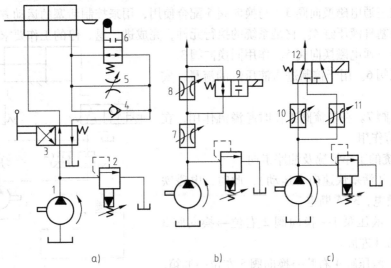

图 7-27　速度换接回路

a）用行程阀的速度换接回路　b）用调速阀串联的速度换接回路　c）用调速阀并联的速度换接回路

1—液压泵　2—溢流阀　3—换向阀　4—单向阀　5—节流阀　6—行程阀

7、8、10、11—调速阀　9—二位二通电磁换向阀　12—二位三通电磁换向阀

（2）用调速阀串联的速度换接回路　图7-27b所示的回路是用调速阀串联的速度换接回路。当换向阀9处于图示位置时，由调速阀7控制液压缸获得Ⅰ工进速度；当换向阀9切换到右位时，由调速阀8控制液压缸获得Ⅱ工进速度。注意，只有调速阀8的流量调得比调速阀7的流量小，才能获得比Ⅰ工进速度慢的Ⅱ工进速度。

（3）用调速阀并联的速度换接回路　图7-27c所示的回路是用调速阀并联的速度换接回路。在图示位置时，调速阀1使液压缸获得Ⅰ工进速度；当换向阀12切换到右位工作时，由调速阀11使液压缸获得Ⅱ工进速度。这种调速阀并联回路，两个调速阀工作的先后顺序不受限制，并且可单独调节流量，只要将它们的节流口大小调节的不同，就能获得两种不同的工作速度。

四、液压传动系统应用实例

液压传动的机械，不论其功能要求简单还是复杂，都是由一些液压基本回路所组成的完整系统。液压传动系统图是用规定的图形符号（GB/T 786.1—2009）绘制的，表明组成液压系统的所有液压元件及它们之间的相互连接情况、表示各执行元件实现各种功能和动作的工作原理图。在了解、掌握各种液压元件的作用、图形符号以及各种基本回路工作原理的基础上，通过对液压传动系统图的分析，应做到：①了解该系统的基本功能和动作顺序；②分析各元件在油路中的作用；③看清各功能和动作的油路走向；④按系统功能和动作列出工作状态表。

1. 识读简单液压系统图

某专用铣床液压系统图如图7-28所示，它要完成的工作有快速前进、慢速前进、快速后退和原地停止，其动作循环为"快进→工进→快退→停止"。

（1）主要元件及其作用

1）液压泵1（定量泵）。它是液压系统的动力元件，为系统提供定量的压力油。

2）二位二通电磁换向阀2。控制进油的不同油路，用于换接两种不同的工作速度。

3）二位三通电磁换向阀3。与换向阀5配合使用，用来控制活塞的运动方向。

4）单活塞杆液压缸4。它是系统的执行元件，完成进、退、停的工作要求。

5）二位三通电磁换向阀5。作用同换向阀3。

6）节流阀6。用于控制进入液压缸的流量，实现慢速运动。

7）溢流阀7。在节流阀工作时起溢流作用，在停止时起卸荷作用。

（2）系统的工作情况及油路走向

1）快进（活塞快速向右运动），此时，电磁铁1YA、2YA通电，3YA断电。

进油路：液压泵1→换向阀2右位→换向阀3左位→液压缸4左腔。

回油路：液压缸4右腔→换向阀5左位→油箱。

2）工进（活塞慢速向右运动），此时，1YA断电，2YA通电，3YA断电。

进油路：液压泵1→节流阀6→换向阀3左位→液压缸4左腔。

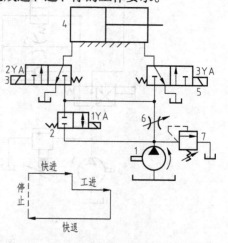

图7-28　专用铣床液压系统图
1—液压泵　2—二位二通电磁换向阀
3、5—二位三通电磁换向阀　4—单活塞杆液压缸　6—节流阀　7—溢流阀

液压泵 1→溢流阀 7→油箱。

回油路：液压缸 4 右腔→换向阀 5 左位→油箱。

3）快退（活塞快速向左运动），此时，1YA 通电，2YA 断电，3YA 通电。

进油路：液压泵 1→换向阀 2 右位→换向阀 5 右位→液压缸 4 右腔。

回油路：液压缸 4 左腔→换向阀 3 右位→油箱。

4）停止（活塞停止运动），利用三个电磁阀对压力油口的关闭，同时需打开溢流阀实现卸荷；此时，1YA、2YA、3YA 断电。

油路：液压泵 1→溢流阀 7→油箱。

（3）电磁铁动作顺序表 1（表 7-3）

表 7-3　电磁铁动作顺序表 1

电磁铁 动作	1YA	2YA	3YA
快进	+	+	−
工进	−	+	−
快退	+	−	+
停止	−	−	−

注：电磁铁通电用"+"表示，断电用"−"表示。

（4）该系统中包含的液压基本回路

1）换向回路，由换向阀 3 和换向阀 5 组成。

2）卸荷回路，由溢流阀 7 与换向阀 3、换向阀 5 组成。

3）调速回路，由节流阀 6 与溢流阀 7 组成。

4）速度转换回路，由换向阀 2 和节流阀 6 组成。

2. 分析液压系统的工作情况并绘出电磁铁动作顺序表

某组合机床液压滑台的液压系统图如图 7-29 所示，其工作循环为"快进→工进①→工进②→快退→停止"，其中工进①速度比工进②速度快。

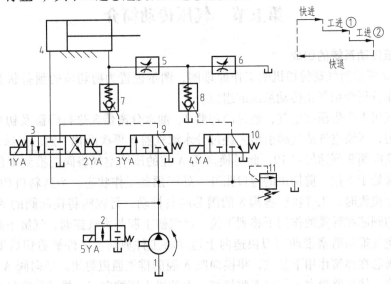

图 7-29　组合机床液压滑台的液压系统图

1）快进。压力油从液压泵 1 经换向阀 3 左位进入液压缸 4 左腔，回油从液压缸 4 右腔经液控单向阀 7、换向阀 3 左位回油箱。此时，换向阀 9 应工作在左位，才能接通液控单向阀 7。

2）工进①。由于工作速度比快进慢，比工进②快，所以应接通一个调速阀。进油路同快进，回油从液压缸 4 右腔经调速阀 5、液控单向阀 8 回油箱。为此，换向阀 9 应工作在右位，关闭液控单向阀 7，换向阀 10 应工作在左位，打开液控单向阀 8。

3）工进②。由于速度更慢，应接通两个调速阀。进油路同快进，回油从液压缸 4 右腔经调速阀 5 和 6 回油箱。为此，液控单向阀 7 和 8 都应关闭，换向阀 9 和 10 都必须工作在右位。

4）快退。直接利用换向阀 3 右位，即可完成。

5）停止。换向阀 3 应工作在中位，同时换向阀 2 打开直接卸荷。

通过以上分析，可得出电磁铁动作顺序表 2，见表 7-4。

表 7-4　电磁铁动作顺序表 2

电磁铁 动作	1YA	2YA	3YA	4YA	5YA
快进	+	-	+	-	-
工进①	+	-	-	+	-
工进②	+	-	-	-	-
快退	-	-	-	-	-
停止	-	-	-	-	+

注：电磁铁通电用"＋"表示，断电用"－"表示。

溢流阀 11 在系统工进时，起溢流作用；另外还可起过载保护作用，但不再有卸荷作用。

第五节　气压传动简介

一、气压传动系统的组成

如图 7-30 所示为气动剪切机的工作原理图，图示位置为剪切前的预备状态，结合气动剪切机的工作分析介绍气压传动系统的组成。

压缩空气机 1 产生压缩空气，经过冷却器 2、油水分离器 3 进行降温及初步净化后，进入气罐 4 备用，压缩空气从气罐引出先经过分水滤气器 5 再次净化，然后经减压阀 6、油雾器 7 和气控换向阀 9 到达气缸 10。此时换向阀 A 腔的压缩空气将阀芯推到上位，使气缸上腔充压，活塞处于下位，剪切机的剪口张开，处于预备工作状态。当送料机构将工件 11 送入剪切机规定位置时，工件将行程阀 8 的阀芯向右推动，行程阀将换向阀的 A 腔与大气连通。换向阀的阀芯在弹簧的作用下移到下位，将气缸上腔与大气连通，气缸下腔与压缩空气连通，压缩空气推动活塞带动剪刀快速向上运动将工件剪切。工件被剪切后即与行程阀脱开，行程阀阀芯在弹簧作用下复位，将换向阀 A 腔的排气通道封闭。换向阀 A 腔压力上升，阀芯移至上位，使气路换向。气缸下腔排气，上腔进入压缩空气，推动活塞带动剪刀向下运动，系统又恢复到图示的预备状态，待第二次进料剪切。

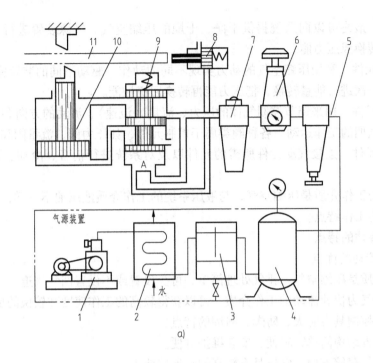

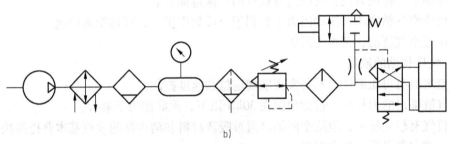

图7-30　气动剪切机工作原理图

a）结构原理示意图　b）工作原理图

1—压缩空气机　2—冷却器　3—油水分离器　4—气罐　5—分水滤气器

6—减压阀　7—油雾器　8—行程阀　9—换向阀　10—气缸　11—工件

气路中行程阀的安装位置可以根据工件的长度进行左右调整。换向阀是根据行程阀的指令来改变压缩空气的通道使气缸活塞实现往复运动。气缸下腔进入压缩空气时，活塞向上运动将压缩空气的压力能转换为机械能使剪切机构切断工件。此外，还可以根据实际需要，在气路中加入流量控制阀，控制剪切机构的运动速度。

通过以上分析可知气压系统与液压系统相似，是利用工作介质（气体或液体）的压力能来传递运动和动力；先利用动力元件（气源装置或液压泵）将原动机的机械能转换为工作介质的压力能，再利用执行元件（气缸或液压缸）将工作介质的压力能转换为机械能，驱动工作部件运动。系统工作时，还可利用各种控制元件（溢流阀、节流阀和换向阀）对工作介质进行压力、流量和方向的控制与调节，以满足工作部件在力、速度和方向上的要求。气压系统也是由四部分组成：

（1）气源装置　主要是把空气压缩到原来体积的1/7左右，形成压缩空气，并对压缩空气进行处理，最终可以向系统提供干净、干燥的压缩空气。气源装置进行了一次能量转换，把机械能转换成压力能。

（2）执行元件　利用压缩空气的动力实现不同的动作，驱动不同的装置完成机械运动。执行元件是又一次进行能量转换，把压力能再转换回机械能。

（3）控制元件　用来调节控制气体的压力、流量（流速）、流动的方向和通断，以保证执行元件完成预期的工作运动。各种阀类属于控制元件，如压力阀、流量阀和方向阀等。

（4）辅助元件　连接气动元件所需的元件以及对系统进行消音、冷却、测量等的元件属于辅助元件。

气压系统的工作介质是压缩空气，与液压系统的工作介质液压油不一样，因此有许多与液压系统不同的工作特点。

二、气压传动的特点

（1）气压传动的优点

1）工作介质是压缩空气，排气处理简单，可少设置或不设置回气管道。

2）压缩空气为快速流动的工作介质，可以获得较高的工作速度和较快的反应时间。

3）全气动控制具有防火、防爆、耐潮的特点。

4）气动装置结构简单、轻便，安装维护方便。

5）压缩空气存储方便，气压具有较高的自保持能力。

6）由于空气粘度小，流动阻力小有利于介质集中供应，可远距离输送。

7）压缩空气清洁，基本无污染。

（2）气压传动的缺点

1）空气具有可压缩性，不易实现准确定位和速度控制。

2）气缸输出的力较小，推力限制在30kN以下，承载能力不够大。

3）排气有较大噪声，但这个问题已通过吸音材料和消声器的改进基本获得解决。

4）压缩空气需要净化和润滑。

总之对比液压传动的工作特点，气压传动反应快、动作灵敏、无污染、承载低、定位和速度不准确。气压传动主要应用于各种控制装置和检测装置，特别是与电气控制结合在一起，可组成各种程序控制装置，气压传动系统广泛应用于各种要求高净化，无污染的场合，如食品、印刷、木材与纺织工业。利用可编程序控制器（简称PLC）控制气动设备是目前最常见的一种控制方式，由于PLC能处理相当复杂的逻辑关系，因此，可对各种类型、各种复杂程度的气动系统实现控制。又由于控制系统采用软件编程方法实现控制逻辑，因此，通过改变软件就可改变气压传动系统的逻辑功能，从而使系统的柔性增加、可靠性增加。

三、气压元件

1. 气源装置

气动系统工作时，空气中水分和固体颗粒等杂质的含量影响着系统的工作效能与寿命。而空气是一种混合物，主要由氧、氮、水蒸气、其他微量气体和一些杂质等组成，环境和气候条件不同，空气的组成成分也有所不同，因此在气动系统中必须对空气进行压缩、干燥、净化等处理。而完成此项工作的元件组合装置就是气源装置或压缩空气站。如图7-31所示为气源装置工作示意图，图7-32所示为气源装置工作流程图，气源装置主要由以下几部分组成：

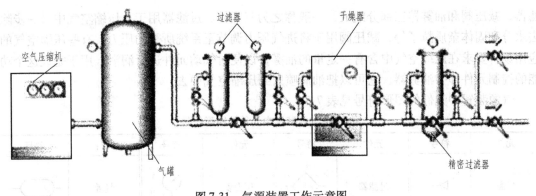

图 7-31 气源装置工作示意图

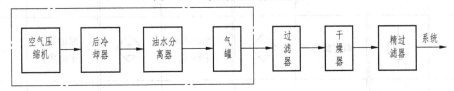

图 7-32 气源装置工作流程图

1) 空气压缩机简称空压机, 空压机是将空气压缩成压缩空气, 将电动机传出的机械能转化成压缩空气的压力能的装置。目前, 气动系统常用的工作压力为 $0.1 \sim 0.8\text{MPa}$, 一般用额定压力为 1MPa 的低压空气压缩机, 特殊需要也可选用中、高压的空气压缩机。

2) 后冷却器, 后冷却器要安装在空压机的出口管路上, 其作用是将空压机输出的高达 $140 \sim 180℃$ 的压缩空气冷却至 $40℃$ 以下, 使得其中大部分的水汽和变质油雾冷凝成液态水滴和油滴。

3) 油水分离器, 油水分离器是将经后冷却器降温凝结出的水滴和油滴等杂质从压缩空气中分离出来。油水分离器主要是用离心、撞击、水洗等方法使压缩空气中凝聚的水分、油分等杂质从压缩空气中分离出来, 使压缩空气得到初步净化。

4) 气罐, 由于空压机输出的压缩空气的压力不是恒定的, 有了气罐后就可以消除压力脉动, 保证供气的连续性、稳定性。它储存的压缩空气可以在空压机发生故障或停电时, 维持一定时间的供气, 以便保证设备的安全。除此之外它还可以依靠自然冷却降温, 进一步分离掉压缩空气中的水分和油分。一般的空压机上都带有后冷却器、油水分离器和气罐, 所以一个空压机可以把它看作为一个气源。

5) 过滤器, 其作用是进一步清除压缩空气中的油污、水和粉尘, 以提高下游干燥器的工作效率. 延长精过滤器的使用时间。

6) 干燥器, 压缩空气经上述元件净化处理后, 还会含有一定量的水蒸气, 对于要求较高的气动系统还需要用干燥器进一步去除压缩空气中的水蒸气。

在实际应用中, 从空气压缩站输出的压缩空气并不能满足气动元件对气源质量的要求。为使空气质量满足气动元件的要求, 常在气动系统前面安装气源处理装置, 如图 7-33 所示。气源处理装置由过

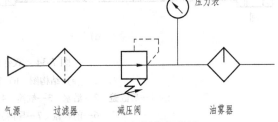

图 7-33 气源处理装置

滤器、减压阀和油雾器三部分组成，一般称之为三联件。过滤器用于从压缩空气中进一步除去水分和固体杂质粒子等，减压阀用于将进气压力调节至系统所需的压力；有些压缩空气的应用场合要求在压缩空气中含有一定量的油雾，以便对气动元件进行润滑，用于完成这个功能的控制元件即为油雾器，它可以把油滴喷射到压缩空气中去。

气源装置中元件的图形符号见表7-5。

表7-5 气源装置中元件的图形符号

元件	符号	元件	符号	元件	符号	元件	符号
气源	▷	过滤器	◇	压力表	⊘	气罐	⬭
气泵	⊘	精过滤器	◇	空气过滤器（手动式）	◇	除油器（手动式）	◇
冷却器	◇	空气干燥器	◇	空气过滤器（自动式）	◇	除油器（自动式）	◇

2. 执行元件

在气动系统中，将压缩空气的压力能转变为机械能，以驱动不同的机械装置，实现直线、转动或摆动运动的传动装置称为气动执行元件。气动执行元件有产生直线往复运动的气缸，在一定角度范围内摆动的摆动马达以及产生连续转动的气动马达三大类。

气缸是气动系统中最主要的执行元件，由于气缸价格低，便于安装，结构简单、可靠，并有各种尺寸和有效行程的组件可供使用。气缸的作用力与运动速度的计算与液压缸的计算相同，气缸正常工作压力为 $0.4 \sim 0.6$MPa，普通气缸的运动速度范围是 $50 \sim 500$mm/s，工作环境温度为 $5 \sim 60$℃。最常用的气缸与液压缸相似也分为双作用气缸（图7-34）和单作用气缸两种（图7-35）。

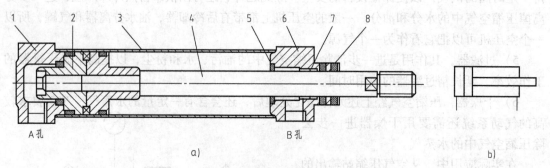

图 7-34 双作用气缸
a）结构图　b）图形符号
1—后缸盖　2—活塞　3—缸筒　4—活塞杆　5—缓冲密封圈
6—前缸盖　7—导向套　8—防尘圈

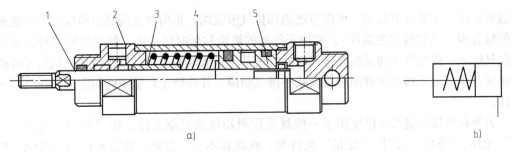

图 7-35　单作用气缸

a) 结构图　b) 图形符号

1—活塞杆　2—过滤片　3—止动套　4—弹簧　5—活塞

3. 控制元件

气动控制元件与液压控制元件的种类、作用及图形符号基本相似，依然是分为三大类：方向控制阀、压力控制阀和流量控制阀。其种类及工作原理可参看液压控制阀部分，图形符号可查阅相应手册，在此不再做过多的描述，只重点介绍几种与液压控制阀有明显不同的气动控制元件。

（1）方向控制阀　方向控制阀是用来控制管道内压缩空气的流动方向和气流通断的元件，它是气动系统中应用最广泛的控制阀。与液压方向控制阀一样有手动控制、行程（机动）控制、气动控制及电磁控制等控制方式，也是分为二位二通换向阀、二位四通换向阀等形式。其中电磁换向阀根据操纵线圈的数目可分为单电控（图 7-36a）和双电控两种，单电控电磁阀与液压电磁换向阀一样，一端有电磁铁另一端有弹簧，靠近弹簧处为常态位；而双电控电磁阀则是左边电磁铁通电，阀芯工作在左位（图 7-36b）；左边电磁铁断电后由于阀具有记忆功能使阀芯位置不变，直到右边电磁铁通电，阀被切换至右位工作（图 7-36c）；同样右边电磁铁断电时，阀的工作状态依旧保持不变，使用中两电磁铁不允许同时通电。

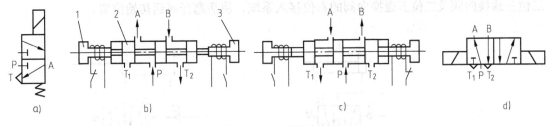

图 7-36　电磁换向阀

a) 单电控电磁阀图形符号　b) 双电控电磁阀左边电磁铁通电

c) 双电控电磁阀右边电磁铁通电　d) 双电控电磁阀图形符号

（2）压力控制阀　与液压压力控制阀一样有溢流阀、减压阀、顺序阀三种。溢流阀在系统中起限制最高压力，保护系统安全的作用。减压阀（调压阀）用来调节或控制气压的变化，并保持降压后的输出压力值稳定在需要的值上，确保系统压力的稳定。顺序阀起根据回路中气体压力的大小来控制各种执行机构按顺序动作的作用。

（3）流量控制阀　流量控制阀是通过改变阀的流通面积来调节流量的，用于控制气缸的运动速度。主要有节流阀、单向节流阀和排气节流阀。单向节流阀是由单向阀与节流阀组成的组合阀（又称速度控制阀），常用于气缸的调速和延时回路中，使用时应尽可能直接安装在气缸上。排气节流阀是装在排气口处，调节排入大气的流量，以改变气动执行元件的运动速度，排气节流阀常带有消声器以减小排气噪声，并能防止环境中的粉尘通过排气口污染元件。

另外在气压控制阀中已使用了一些具有逻辑功能的控制元件，如"与门"元件、"或门"元件、"非门"元件、"记忆"元件等，在此就不一一叙述，若需要可参考其他一些材料。

4. 辅助元件

常用的辅助元件有油雾器、空气过滤器（空滤器）、消声器等。油雾器是一种特殊的注油装置，它以空气为动力，使润滑油雾化后，注入空气流中，并随空气进入需要润滑的部件，达到润滑的目的。空滤器的作用是除去压缩空气中的固态杂质、水滴和污油滴。气压传动系统一般不设排气管道，用后的压缩空气直接排入大气，因而排气产生的噪声一般可达 $100 \sim 120dB$，为此在气动系统的排气口处，尤其是在换向阀的排气口处要安装消声器来降低排气噪声。

四、气压传动回路

气压传动系统与液压传动系统一样是由一些基本回路所组成，通常也分为方向控制回路、压力控制回路和速度控制回路三大类。下面以机械手抓取机构气压传动系统为例进行简单介绍与分析。

机械手抓取机构气压传动系统图如图 7-37 所示，它能满足机械手抓取机构的工作要求。在初始位置时二位三通换向阀右位接入系统（图 7-37a），压缩空气经二位五通换向阀的进气口 1 到达出口 4，再进入气缸的右腔，使活塞杆收回；当按下按钮，压缩空气经二位三通换向阀的左位接入系统（图 7-37b），进而使得二位五通换向阀左位工作，压缩空气经进气口 1 到达出口 2，再进入气缸的左腔，使得活塞杆伸出；当释放按钮，在弹簧力的作用下，二位三通换向阀及二位五通换向阀的右位接入系统，使活塞杆回到初始位置。

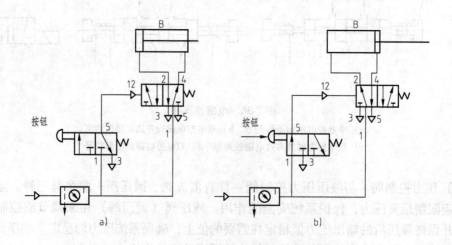

图 7-37　机械手抓取机构气压传动系统图
a）活塞杆收回　b）活塞杆伸出

复习思考题

1. 液压传动系统由哪几部分组成？各部分的主要元件及功用是什么？
2. 液压传动的主要特点有哪些？
3. 液压泵的类型有哪些？哪些是定量泵？哪些是变量泵？
4. 溢流阀有哪几种用途？它与减压阀有什么异同？
5. 液压基本回路有哪几种基本形式？
6. 气压传动与液压传动相比有哪些特点？主要适用于哪些场合？
7. 气源装置由哪些元件组成？各自都起什么作用？

参 考 文 献

[1] 赵香梅. 机械制图 [M]. 北京：机械工业出版社，2010.

[2] 全国产品尺寸和几何技术规范标准化技术委员会. GB/T 1800.1—2009 产品几何技术规范　极限与配
     合　第 1 部分：公差、偏差和配合的基础 [S]. 北京：中国标准出版社，2009.

[3] 全国产品尺寸和几何技术规范标准化技术委员会. GB/T 1182—2008 产品几何技术规范　几何公差
     形状、方向、位置和跳动公差标注 [S]. 北京：中国标准出版社，2008.

[4] 勾明. 机械基础 [M]. 北京：机械工业出版社，2001.

[5] 全国液压气动标准化技术委员会. GB/T 786.1—2009 液体传动系统及元件图形符号和回路图　第 1
     部分：用于常规用途和数据处理的图形符号 [S]. 北京：中国标准出版社，2009.

[6] 武开军. 液压与气动技术 [M]. 北京：中国劳动社会保障出版社，2008.